数控铣床编程与操作
一体化教程

主　编　吴兴福
副主编　张　枫　华杜刚

中国水利水电出版社
www.waterpub.com.cn
·北京·

内 容 提 要

　　本教材以项目为导向，系统全面地阐述了数控铣床编程的基础知识和要点。全书共13个项目任务，包括数控铣床坐标系及直线轮廓加工，圆弧轮廓加工，刀具半径补偿指令的运用，刀具切入与切出的运用，游标卡尺的使用方法，千分尺的使用方法，G68、G69 旋转指令的运用，子程序 M98、M99 指令的运用等内容。教材精选大量的实践案例，将理论与实践相结合，内容系统全面，实用性较强。

　　本教材可作为中职院校机械类和近机械类各专业的铣削实训教材，也可作为培训机构和企业的培训技能中级认定实训教材，以及相关技术编程人员的参考用书。

图书在版编目（CIP）数据

数控铣床编程与操作一体化教程 / 吴兴福主编.
北京 ： 中国水利水电出版社，2024. 7. -- ISBN 978-7
-5226-2669-7
　　Ⅰ．TG547
中国国家版本馆CIP数据核字第202430EH17号

书　　名	**数控铣床编程与操作一体化教程** SHUKONG XICHUANG BIANCHENG YU CAOZUO YITIHUA JIAOCHENG
作　　者	主 编　吴兴福 副主编　张　枫　华杜刚
出版发行	中国水利水电出版社 （北京市海淀区玉渊潭南路 1 号 D 座　　100038） 网址：www.waterpub.com.cn E - mail：sales@mwr.gov.cn 电话：（010）68545888（营销中心）
经　　售	北京科水图书销售有限公司 电话：（010）68545874、63202643 全国各地新华书店和相关出版物销售网点
排　　版	中国水利水电出版社微机排版中心
印　　刷	清淞永业（天津）印刷有限公司
规　　格	184mm×260mm　16 开本　10 印张　285 千字
版　　次	2024 年 7 月第 1 版　2024 年 7 月第 1 次印刷
印　　数	0001—1000 册
定　　价	**48.00 元**

前　言

随着我国制造业转型升级的加速推进，数控技术已成为现代工业生产不可或缺的关键技术之一，尤其是在精密加工领域，数控铣床编程技术的应用更是日益广泛。然而，如何高效培养符合产业发展需求的高素质技能型人才，成为当前职业教育面临的重要课题。在此背景下，编写《数控铣床编程与操作一体化教程》，旨在通过工学一体化的教学模式，紧密贴合国家职业标准，为学生、技术人员及企业员工提供一套系统化、实用性强的学习资源。

本教材具有以下几个特点：

1. 工学一体化设计：教材采用工学一体化教学理念，将理论知识与实际操作紧密结合，每个项目任务均以企业实际工作情境为背景，模拟真实工作任务，让学生在实践中学习，学习中实践，提升解决实际问题的能力。

2. 项目导向教学：教材围绕13个精心设计的项目任务展开，从基本的数控铣床坐标系操作到复杂轮廓加工指令的应用，再到测量工具的正确使用，确保学生能够逐步掌握并熟练应用数控铣床编程的核心技能。

3. 国家职业标准对接：本教材内容严格按照国家职业标准及行业规范编写，确保教学内容的权威性和实用性，为学生参加职业技能鉴定及未来就业打下坚实基础。

4. 丰富实践案例：教材精选大量来自实际生产一线加工项目设计教学案例，不仅加深了学生对理论知识的理解，更提升了实践操作技能，使学习内容更加贴近实际工作需求。

5. 系统全面，层次分明：从基础知识讲起，逐步深入至高级应用，每个项目任务既自成体系又相互关联，形成了一套完整的学习路径，适合不同水平的学习者。

本教材由绍兴市吴兴福铣工技能大师工作室教学团队及技能团队联合企业资深工程师共同编著，其中，项目任务的设计与实践案例的收集主要由具有丰富一线经验的企业工程师负责，确保了内容的实用性和前沿性；理论部分的撰写则由教学团队完成，图纸设计由技能团队完成，他们凭借深厚的学术功底，保证了教材的科学性和准确性。此外，特别感谢绍兴技师学院给予的大力支持，使本教材得以顺利编写完成。

在编写过程中，我们还得到了众多行业内外专家的宝贵意见和建议，他们的无私分享与专业指导极大地丰富和完善了教材内容，对此我们深表感激。同时，也要感谢所有参与教材审阅、测试的教师与学生，是你们的反馈让本教材更加完善，更贴近教学实际。

总之，本教材不仅是理论与实践结合的成果，更是多方合作、共同努力的结晶。我们衷心希望，本教材能成为广大读者掌握数控铣床编程技能的有效工具，助力我国制造业技能人才的培养，推动产业升级与发展。

编者

2024 年 6 月

目 录

项目任务 1
数控铣床坐标系及直线轮廓加工

1.1 项目任务及教学标准

1.1.1 项目任务

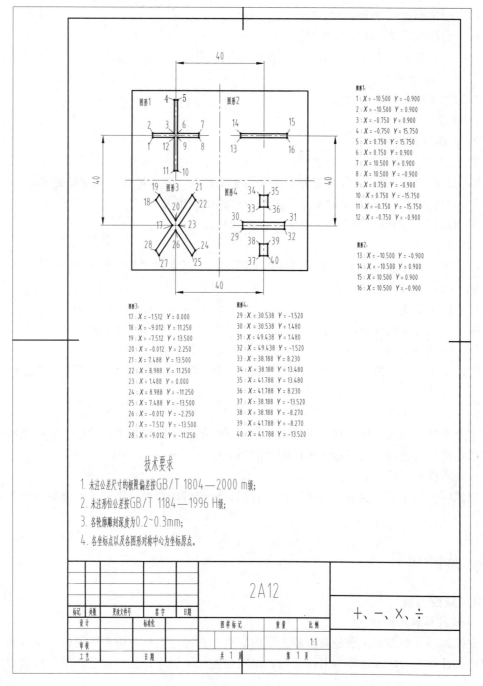

图形1:

1 : X = -10.500　Y = -0.900
2 : X = -10.500　Y = 0.900
3 : X = -0.750　Y = 0.900
4 : X = -0.750　Y = 15.750
5 : X = 0.750　Y = 15.750
6 : X = 0.750　Y = 0.900
7 : X = 10.500　Y = 0.900
8 : X = 10.500　Y = -0.900
9 : X = 0.750　Y = -0.900
10 : X = 0.750　Y = -15.750
11 : X = -0.750　Y = -15.750
12 : X = -0.750　Y = -0.900

图形2:

13 : X = -10.500　Y = -0.900
14 : X = -10.500　Y = 0.900
15 : X = 10.500　Y = 0.900
16 : X = 10.500　Y = -0.900

图形3:

17 : X = -1.512　Y = 0.000
18 : X = -9.012　Y = 11.250
19 : X = -7.512　Y = 13.500
20 : X = -0.012　Y = 2.250
21 : X = 7.488　Y = 13.500
22 : X = 8.988　Y = 11.250
23 : X = 1.488　Y = 0.000
24 : X = 8.988　Y = -11.250
25 : X = 7.488　Y = -13.500
26 : X = -0.012　Y = -2.250
27 : X = -7.512　Y = -13.500
28 : X = -9.012　Y = -11.250

图形4:

29 : X = 30.538　Y = -1.520
30 : X = 30.538　Y = 1.480
31 : X = 49.438　Y = 1.480
32 : X = 49.438　Y = -1.520
33 : X = 38.188　Y = 8.230
34 : X = 38.188　Y = 13.480
35 : X = 41.788　Y = 13.480
36 : X = 41.788　Y = 8.230
37 : X = 38.188　Y = -13.520
38 : X = 38.188　Y = -8.270
39 : X = 41.788　Y = -8.270
40 : X = 41.788　Y = -13.520

技术要求

1. 未注公差尺寸的极限偏差按GB/T 1804—2000 m级;

2. 未注形位公差按GB/T 1184—1996 H级;

3. 各轮廓雕刻深度为0.2~0.3mm;

4. 各坐标点以及各图形对称中心为坐标原点。

2A12

+、-、×、÷

标记	处数	更改文件号	签字	日期		图样标记	重量	比例
设计		标准化						
								1:1
审核								
工艺		日期				共 1 页	第 1 页	

1.1.2 教学标准

1. 知识目标

(1) 掌握数控铣床坐标系及常用 G 代码、M 代码编程指令字的功能。

(2) 熟悉 G17、G18、G19 平面指令的功能。

(3) 掌握数控铣床 G90、G91、G00、G01 编程指令的功能。

2. 技能目标

(1) 会编制直线轮廓的加工程序。

(2) 会操作设备加工直线轮廓。

(3) 会编制简单零件的加工工艺并完成零件加工。

3. 实训技能点

(1) 加工准备。

1) 开机。

2) 回机床参考点。

3) 检查毛坯是否符合加工要求。

4) 安装工件，工件安装时应伸出足够的加工高度，保证符合加工深度要求。

5) 刀具装夹，选择合适的加工刀具及合理的切削用量。

6) 对刀，采用单边对刀法，确定工件坐标系。

(2) 程序录入。

根据项目任务图纸要求，按不同数控系统的要求，完成"＋、－、×、÷"四个图形程序录入编写并录入数控系统内。

(3) 模拟加工。

按不同数控系统进行模拟加工，校验走刀轨迹是否与编程轮廓一致。

(4) 单段方式加工。

初次加工时，为防止对刀或工件坐标系零点偏置有误，从程序运行开始就先进行单段加工。

(5) 自动加工方式。

按不同数控系统选择自动加工方式，完成零件的加工。在加工过程中，应根据零件加工要求，选择合适的切削用量，确保零件的加工质量。

(6) 零件加工结束。

完成零件加工后，应去除零件毛刺，打扫、清理机床和周围设施，并做好机床保养等工作。

1.2 基础知识

1.2.1 数控编程

1. 数控编程的概念

数控编程是数控加工准备阶段的主要内容之一，通常包括分析零件图样；确定加工工艺过程；计算走刀轨迹，得出刀位数据；编写数控加工程序；制作控制介质；校对程序及首件试切。数控编程有手工编程和自动编程两种方法。总之，它是从零件图纸到获得数控加工程序的全过程。

2. 数控编程的基本步骤与要求

（1）分析零件图。

在零件加工前，首先要根据零件图纸信息分析零件的材料、形状、尺寸和精度等要求，以便确定该零件是否适合在数控机床上加工或适合在哪种数控机床上加工。同时要明确加工的内容和要求。

（2）工艺处理。

在分析零件图的基础上，进行工艺分析，确定零件的加工方法（如采用的工装夹具、装夹定位方法等）、加工路线（如对刀点、换刀点、进给路线）及切削用量（如主轴转速、进给速度和背吃刀量等）等工艺参数。数控加工工艺分析与处理是数控编程的前提和依据，而数控编程就是将数控加工工艺内容程序化。制定数控加工工艺时，要合理地选择加工方案，确定加工顺序、加工路线、装夹方式、刀具及切削参数等；同时还要考虑所用数控机床的指令功能，充分发挥机床的效能；尽量缩短加工路线，正确地选择对刀点、换刀点，减少换刀次数，并使数值计算方便。

（3）数值计算。

根据零件图纸的几何尺寸、工艺路线及设定的工件坐标系，计算零件加工运动的轨迹，得到相应数据。对于形状比较简单的零件（如由直线和圆弧组成的零件）的轮廓加工，要计算出几何元素的起点、终点、圆弧的圆心、两几何元素的交点或切点的坐标值，如果不需要刀具补偿功能，则要计算刀具中心的运动轨迹坐标值。对于形状比较复杂的零件（如由非圆曲线、曲面组成的零件），需要用直线段或圆弧段逼近，根据加工精度的要求计算出节点坐标值，这种数值计算一般要用计算机来完成。

（4）编写零件加工程序。

根据加工路线、切削用量、刀具号码、刀具补偿量、机床辅助动作及刀具运动轨迹，按照数控系统使用的指令代码和程序段的格式，编写出零件加工程序。编写时应注意：①程序书写的规范性，应便于表达和交流；②在对所用数控机床的性能与指令充分熟悉的基础上，注意各指令使用的技巧。

（5）将程序输入数控系统。

目前，常用的方法是通过数控系统键盘直接将加工程序输入数控机床程序存储器中，或通过计算机与数控系统的通信接口将加工程序传送到数控机床的程序存储器中，由机床操作者根据零件加工需要进行调用。

（6）程序校验与首件试切。

编写的加工程序，必须经过校验和试切才能正式使用。校验的方法是直接调用数控系统中的加工程序，让机床空运行，利用数控系统提供的图形显示功能，检查刀具轨迹的正确性。对工件进行首件试切，分析误差产生的原因，及时修正，直到试切出合格零件。但这些方法只能检验运动是否正确，不能检验被加工零件的加工精度。

3. 数控编程的方法

数控编程一般分为手工编程和自动编程两种。

（1）手工编程。

手工编程是指从分析零件图样、确定加工工艺过程、数值计算、编写零件加工程序、制作控制介质到程序校验都是由人工完成。它要求编程人员不仅要熟悉数控指令及编程规则，而且还要具备数控加工工艺知识和数值计算能力。对于加工形状简单、计算量小、程序段数不多的零件，采用手工编程较容易，而且经济、及时。因此，在点位加工或直线与圆弧组成的轮廓加工中，手工编程仍广泛应用。

（2）自动编程。

自动编程是指利用计算机专用软件来编制数控加工程序。编程人员只需根据零件图样的要求，使用数控语言，由计算机自动地进行数值计算及后置处理，编写出零件加工程序单，加工程序通过直接通信的方式送入数控机床，控制机床运动。自动编程使得一些计算烦琐、手工编程困难或无法编出的程序能够顺利地完成。

1.2.2 数控机床坐标系

1. 右手直角笛卡尔坐标系

数控机床坐标系按国际标准化组织规定为右手直角笛卡尔坐标系，如图 1.1 所示。具体如下：

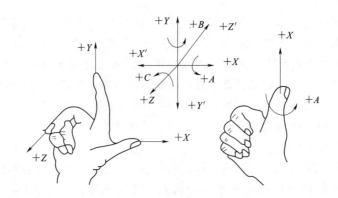

图 1.1 右手直角笛卡尔坐标系

（1）伸出右手的大拇指、食指和中指，并互为 90°。则大拇指代表 X 坐标，食指代表 Y 坐标，中指代表 Z 坐标。

（2）大拇指的指向为 X 坐标的正方向（用 $+X$ 表示），食指的指向为 Y（用 $+Y$ 表示）坐标的正方向，中指的指向为 Z 坐标的正方向（用 $+Z$ 表示）。

（3）围绕 X、Y、Z 坐标旋转的旋转坐标分别用 A、B、C 表示，根据右手螺旋定则，大拇指的指向为 X、Y、Z 坐标中任意轴的正向，则其余四指的旋转方向即为旋转坐标 A、B、C 的正向（分别用 $+A$、$+B$、$+C$ 表示）。

2. 数控铣床坐标系

（1）坐标轴及其运动方向。

1）机床相对运动的规定。在机床上，我们始终认为工件静止，而刀具是运动的。这样编程人员在不考虑机床上工件与刀具具体运动的情况下，就可以依据零件图样，确定机床的加工过程。

2）机床坐标系的规定。标准机床坐标系中 X、Y、Z 坐标轴的相互关系用右手直角笛卡尔坐标系决定。

在数控机床上，机床的动作是由数控装置来控制的，为了确定数控机床上的成形运动和辅助运动，必须先确定机床上运动的位移和运动的方向，这就需要通过坐标系来实现，这个坐标系被称为机床坐标系。

3）运动方向的规定。根据右手直角笛卡尔坐标系原则来判断各坐标轴的正方向。

4）坐标轴方向的确定。

a. Z 坐标。Z 坐标的运动方向是由传递切削动力的主轴所决定的，即平行于主轴轴线的坐标轴即为 Z 坐标，Z 坐标的正向为刀具离开工件的方向。

b. X 坐标。X 坐标平行于工件的装夹平面，一般在水平面内。确定 X 轴的方向时，要考虑两种情况：①如果工件做旋转运动，则刀具离开工件的方向为 X 坐标的正方向。②如果刀具做旋转运动，则分为两种情况：Z 坐标水平时，观察者沿刀具主轴向工件看时，$+X$ 运动方向指向右方；Z 坐标垂直时，观察者面对刀具主轴向立柱看时，$+X$ 运动方向指向右方。

c. Y 坐标。在确定 X、Z 坐标的正方向后，可以用根据 X 和 Z 坐标的方向，按照右手直角笛卡尔坐标系来确定 Y 坐标的方向。

1.2.3　机床坐标系和工件坐标系

1. 机床坐标系原点

机床坐标系原点是指在机床上设置的一个固定点。它在机床装配、调试时就已确定下来，是数控机床进行加工运动的基准参考点。

机床参考点是用于对机床运动进行检测和控制的固定位置点。机床参考点的位置是由机床制造厂家在每个进给轴上用限位开关精确调整好的，坐标值已输入数控系统中。因此参考点对机床原点的坐标是一个已知数。

通常在数控铣床上机床原点和机床参考点是重合的；而在数控车床上机床参考点是离机床原点最远的极限点。

2. 工件坐标系

工件坐标系是编程人员在编程时使用的，编程人员选择工件上的某一已知点为原点称编程原点或工件原点。工件坐标系一旦建立便一直有效，直到被新的工件坐标系所取代。

选择工件坐标系原点的一般原则有以下几点：

（1）尽量选在工件图样的基准上，这样便于计算，减少错误，以利于编程。

（2）尽量选在尺寸精度高、粗糙度值低的工件表面上，以提高被加工件的加工精度。

（3）要便于测量和检验。

（4）对于对称的工件，最好选在工件的对称中心上。

（5）对于一般零件，选在工件外轮廓的某一角上。

（6）Z 轴方向的原点，一般设在工件表面。

1.2.4 典型数控系统的程序结构与格式

1. 数控加工程序格式

一个完整的数控加工程序由程序名、程序内容和程序结束三部分组成。程序内容由若干个程序段组成，程序段由一个或若干个字（字是由表示地址的字母和数字、符号等组成）组成，每一个程序段表示数控机床为完成某一个特定动作的全部指令。程序格式组成见表 1.1。

表 1.1   数控加工程序格式组成（**FANUC Oi 系统**）

程序		说　明
O××××；		程序名
N10	G90 G54 G40 G00 Z100；	第一程序段
N20	M03 S800；	每二程序段
N30		每三程序段
⋮		⋮
N80	M30；	程序结束

（1）程序名。

不同的数控系统，程序名命名各有不同，以 FANUC 系统以例，程序名命名以字母"O"开头，后面跟四位数字（0001～9999）组成，如 O0020、O1234 等。

（2）程序内容。

程序内容是整个数控加工程序的核心，它由多个程序段组成。每个程序段由若干个字组成，每个字又由地址符和若干个数字组成。每个程序段结束处应有"EOB"表示该程序段转入下一个程序段。地址符由字母组成，每一个字母、数字和符号都称为字符。

（3）程序结束。

程序结束一般用辅助功能代码 M02（程序结束）和 M30（程序结束并返回程序起始）来表示。

1.2.5 数控系统的准备功能和辅助功能

1. 准备功能（G 代码）

准备功能（G 代码）用来规定刀具和工件的相对运动轨迹、机床坐标系、坐标平面、刀具补偿、坐标偏置等多种加工操作。不同的数控系统 G 代码功能各不相同，在编程前需熟悉数控设备，以当前数控设备系统编程说明书为准。

准备功能（G 代码）有非模态和模态之分。

（1）非模态（G 代码）：只在所规定的程序段中有效，程序段结束时被注销。

（2）模态（G 代码）：一组可相互注销的 G 代码，这些功能一旦被执行，则一直有效，直到被同一组的 G 代码注销为止。

2. 平面选择指令

当机床坐标系及工件坐标系确定后，对应地就确定了三个坐标平面，即 *XY* 平面、

ZX 平面和 YZ 平面，可分别用 G 代码 G17、G18、G19 表示这三个平面。平面选择 G17、G18、G19 指令用于指定程序段中刀具的插补平面和刀具半径补偿平面。表示加工在某一平面内进行的功能。G17——选择 XY 平面、G18——选择 ZX 平面、G19——选择 YZ 平面，程序段中坐标地址符的书写应与平面指令一致。

3. 工件坐标系选择

工件坐标系是为了加工工件方便而设置和使用的坐标系。可以认为它是位于机械坐标系中的子坐标系，根据加工需要，一个工件可以设置一个或几个工件坐标系，程序运行中可以选择其中任意一个。屏幕显示的"绝对坐标"就是刀具在所选择的工件坐标系中的坐标值。

选择工件坐标系一般有两种方法：一种是选择工件坐标系（G54-G59），它通过对刀操作确定机床坐标系原点与工件坐标系原点之间的偏置值；另一种是通过指令 G92 建立工件坐标系，它是根据基准刀具在新建工件坐标系中的位置确定工件坐标系。

（1）工件坐标系（G54-G59）建立。

将工件装夹到机床上，首先通过对刀操作确定基准刀具与工件编程原点的相对位置，再由操作面板输入相应坐标系 G54、G55、G56、G57、G58、G59 的坐标值中，这些数值就是工件坐标系原点在机械坐标系中的坐标值。

工件坐标系（G54-G59）可以按照下面的指令格式选择：

指令格式：G54（G55-G59）；

指令说明：

1）表示选择 G54（G55-G59）工件坐标系。

2）若机床上电开机并返回参考点后未选择工件坐标系，则系统默认 G54 为当前工件坐标系。

（2）指令 G92 建立工件坐标系。

指令格式：G92 X __ Y __ Z __ ；

指令说明：

1）指令中的 X、Y、Z 是刀具上某一点（一般是刀具基准点）在新建工件坐标系中的坐标值。

2）由于用 G92 指令建立的坐标系原点是根据刀具位置确定的，当程序启动时刀具处于机床不同位置，工件坐标系原点的位置也随之改变。

4. 编程方式（G90、G91）

在数控编程中，刀具运动的坐标值可采用两种方式给定，即：绝对坐标值编程（G90）和增量坐标值编程（G91）。

（1）绝对坐标值编程（G90）。

采用这种方式编程时，工件上所有点的坐标值都基于某一坐标系（机床或工件）零点计量来编程。如图 1.2 所示，程序原点为 O 点，则 A、B 点的绝对坐标分别为 A（40，10）、B（10，40）。采用绝对坐标值编程（G90），刀具由 A 点快速移动到 B 点的程序是 G90 G00 X10 Y40；

（2）增量坐标值编程（G91）。

刀具从前一个位置到下一个位置的位移量称之为增量坐标值，即一个程序段中刀具移动的距离。增量坐标值与程序原点没有关系，它是刀具在一个程序段运动中终点相对于起点的相对值。如图 1.2 所示，A 点为当前坐标为 A（40，10），B 点相对于 A 点的相对坐标为 B（-30，30）。采用增量坐标值编程刀具由 A 点快速移动到 B 点的程序是 G91 G00 X-30 Y30;。

5. 快速定位 G00 指令

快速定位 G00 指令使刀具以预先设定好的最快进给速度，从刀具所在位置快速运动到另一位置。该指令只是快速定位，无运动轨迹要求，进给速度指令对 G00 无效。该指令是模态代码，直到指定了 G01、G02 和 G03 中的任一指令，G00 才无效。表 1.2 为 FANUC 系统 G00 快速定位格式。

指令说明：

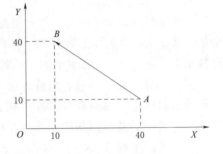

图 1.2　绝对坐标值编程（G90）与增量坐标值编程（G91）

（1）刀具以各轴内定的速度由始点（当前点）快速移动到目标点。

（2）刀具运动轨迹与各轴快速移动速度有关。

（3）刀具在起始点开始加速至预定的速度，到达目标点前减速定位。

表 1.2　　　　　　　　　　FANUC 系统 G00 快速定位格式

系统	指 令 格 式	说　　明
FANUC	G17 G00 X＿ Y＿; G18 G00 X＿ Z＿; G19 G00 Y＿ Z＿;	X、Y、Z 为终点坐标; G90 方式下为刀具终点的绝对坐标; G91 方式下为刀具终点相对于刀具起始点的增量坐标

6. 直线插补 G01 指令

直线插补 G01 指令使机床各坐标轴以插补联动方式，按指定的进给速度 F 切削任意斜率的直线轮廓和用直线段逼近的曲线轮廓。G01 和 F 指令都是模态代码，F 指令可以用 G00 指令取消。表 1.3 为 FANUC 系统 G01 直线插补格式。

表 1.3　　　　　　　　　　FANUC 系统 G01 直线插补格式

系统	指 令 格 式	说　　明
FANUC	G17 G01 X＿ Y＿ F＿; G18 G01 X＿ Z＿ F＿; G19 G01 Y＿ Z＿ F＿;	1）X、Y、Z 为终点坐标; G90 方式下为刀具终点的绝对坐标; G91 方式下为刀具终点相对于刀具起始点的增量坐标。 2）F 为刀具切削的进给速度

指令说明：

（1）G01 指令命令刀具在两坐标或三坐标间以插补联动的方式按指定的进给速度作任意斜率的直线运动。

（2）执行 G01 指令的刀具轨迹是直线型轨迹，它是连接起点和终点一条直线。

（3）在 G01 程序段中必须含有 F 指令。如果在 G01 程序段中没有 F 指令，而在 G01 程序段前也没有指定 F 指令，则机床不运动，有的系统还会出现系统报警。

7. 辅助功能 M 代码

数控 M 代码是控制机床辅助动作的指令，如主轴正转、反转及停止，冷却液的开、关，工作台的夹紧与松开、换刀、计划停止、程序结束等。用地址 M 和二位数字表示，M 代码也有模态与非模态功能之分。表 1.4 为数控铣削编程常用辅助功能指令。

表 1.4　　　　　　　　　　数控铣削编程常用辅助功能指令

M 代码	功　能	附　注
M00	程序停止	非模态
M01	程序选择停止	非模态
M02	程序结束	非模态
M03	主轴顺时针旋转	模态
M04	主轴逆时针旋转	模态
M05	主轴停止	模态
M06	换刀	非模态
M07	冷却液打开	模态
M08	冷却液打开	模态
M09	冷却液关闭	模态
M30	程序结束并返回	非模态
M98	子程序调用	模态
M99	子程序调用返回	模态

8. 主轴速度指令代码

转速功能指令 S 用来指定主轴转速或速度，单位为 r/min。例如 S1500 表示主轴转速为 1500r/min。

9. 刀具功能指令代码

刀具功能指令用 T 来表示，后面跟若干位数字，主要用来选择刀具。例如，T12 表示选择 12 号刀具。

1.3　程序编制

根据项目任务图纸要求，需用雕刻刀完成"＋、－、×、÷"四个图形的雕刻加工，加工深度为 0.2~0.3mm，且每个图形给定的坐标点都以各图形对称中心为坐标原点。以"＋"图形为例，编制加工程序见表 1.5。

表 1.5　　　　　　　　　　"＋、－、×、÷"图形加工程序

程序段号	程　序	程　序　说　明
	O0001;	"＋"图形程序名
N010	G90 G54 G00 Z100;	绝对编程方式、选择 G54 工件坐标系（"＋"图形坐标原点，加工其他图形时需偏移坐标系），刀具快速抬高到初始高度 100mm 处

程序段号	程 序	程 序 说 明
N020	M03 S1200；	主轴正转，转速为1200r/min
N030	M08；	打开切削液
N040	G00 X-10.5 Y-0.9；	刀具快速定位到"+"图形1点位置
N050	Z5；	快速到达安全平面
N060	G01 Z-0.2 F20；	切削进给到0.2mm深度，切削进给速度为20mm/min
N070	X-10.5 Y0.9 F100；	切削进给加工到2点，切削进给速度为100mm/min
N080	X-0.75 Y0.9；	切削进给加工到3点
N090	X-0.75 Y15.75；	切削进给加工到4点
N100	X0.75 Y15.75；	切削进给加工到5点
N110	X0.75 Y0.9；	切削进给加工到6点
N120	X10.5 Y0.9；	切削进给加工到7点
N130	X10.5 Y-0.9；	切削进给加工到8点
N140	X0.75 Y-0.9；	切削进给加工到9点
N150	X0.75 Y-15.75；	切削进给加工到10点
N160	X-0.75 Y-15.75；	切削进给加工到11点
N170	X-0.75 Y-0.9；	切削进给加工到12点
N180	X-10.5 Y-0.9；	切削进给加工到1点
N190	G00 Z100；	刀具快速抬高到初始高度100mm处
N200	X0 Y100；	刀具快速退刀到X0Y100位置，退出工作台，便于观察加工情况
N210	M05；	主轴停止
N220	M09；	关闭切削液
N230	M30；	程序结束，并返回程序开始处

1.4 准备通知单

1.4.1 材料准备

毛坯：材料为2A12铝合金；尺寸：80mm×80mm×22mm。

1.4.2 刀具、工具、量具

根据项目任务要求，零件加工准备清单见表1.6。

表 1.6 零 件 加 工 准 备 清 单

分类	名称	规格	数量	备注
刀具	立铣刀	$\phi10$	1把	
	雕刻刀	$\phi4×45°×0.2mm$	1把	建议
	卡簧	$\phi10$、$\phi4$	1把	配相应刀柄
	面铣刀	$\phi100$ 或 $\phi50$	1把	配相应刀柄

分类	名称	规格	数量	备注
工具	等高块		1套	
量具	普通游标卡尺	0～150mm	1把	
其他	工作服			自备
	护目镜			自备

1.5 考核标准

工作任务："＋、－、×、÷"评分表

（1）操作技能考核总成绩表（表1.7）。

表1.7   操作技能考核总成绩表

序号	项目名称	配分	得分	备注
1	现场操作规范	10		
2	工件质量	90		
合计		100		

（2）现场操作规范评分表（表1.8）。

表1.8   现场操作规范评分表

序号	项目	考核内容	配分	考场表现	得分
1	现场操作规范	正确使用机床	2		
2		正确使用量具	2		
3		合理使用刃具	2		
4		设备维护保养	4		
合计			10		

（3）工件质量评分表（表1.9）。

表1.9   工件质量评分表

序号	考核项目/mm	扣分标准	配分	得分
1	图形1完整度	不完整1处扣5分	15	
2	图形2完整度	不完整1处扣5分	15	
3	图形3完整度	不完整1处扣5分	15	
4	图形4完整度	不完整1处扣5分	15	

续表

序号	考核项目/mm	扣 分 标 准	配分	得分
5	0.2～0.3	超差不得分	10	
6	对刀	对刀不正确全扣	10	
7	表面粗糙度	粗糙度超差 1 处扣 5 分，表面有划痕扣 5 分	10	
合计			90	

1.6 知识拓展

1. 坐标系内某一位置的坐标尺寸上以相对于（ ）一位置坐标尺寸的增量进行标注或计量的，这种坐标值称为增量坐标。

A. 第   B. 后   C. 前   D. 左

2. 绝对坐标编程时，移动指令终点的坐标值 X、Z 都是以（ ）为基准来计算。

A. 工件坐标系原点   B. 机床坐标系原点

C. 机床参考点   D. 此程序段起点的坐标值

3. 在偏置值设置 G55 栏中的数值是（ ）。

A. 工件坐标系的原点相对机床坐标系原点偏移值

B. 刀具的长度偏差值

C. 工件坐标系的原点

D. 工件坐标系相对对刀点的偏移值

4. 工作坐标系的原点称（ ）。

A. 机床原点   B. 工作原点   C. 坐标原点   D. 初始原点

5. 在数控铣床中，如果当前刀具刀位点在机床坐标系中的坐标为（－50，－100，－80），若用 MDI 功能执行指令 G92 X100.0 Y100.0 Z100.0；后，工件坐标系原点在机床坐标系中的坐标将是（ ）。

     A. （50，0，20）   B. （－50，－200，－180）

     C. （50，100，100）   D. （250，200，180）

6. 在同一程序段中，有关指令的使用方法，下列说法错误的选项是（ ）。

A. 同组 G 指令，全部有效   B. 同组 G 指令，只有一个有效

C. 非同组 G 指令，全部有效   D. 两个以上 M 指令，只有一个有效

7. G01 为直线插补指令，程序段中 F 指定的速度实际执行时为（ ）。

A. 单轴各自的移动速度   B. 合成速度

C. 曲线进给切向速度   D. 第一轴的速度

8. G01 为直线插补指令，程序段中 F 指定的速度实际执行时为（ ）。

A. 单轴各自的移动速度   B. 合成速度

C. 曲线进给切向速度   D. 第一轴的速度

9. 快速定位 G00 指令在定位过程中，刀具所经过的路径是（ ）。

A. 直线   B. 曲线   C. 圆弧   D. 连续多线段

1.7 技能拓展

根据零件图纸要求，完成"N"字轮廓的编程及加工。

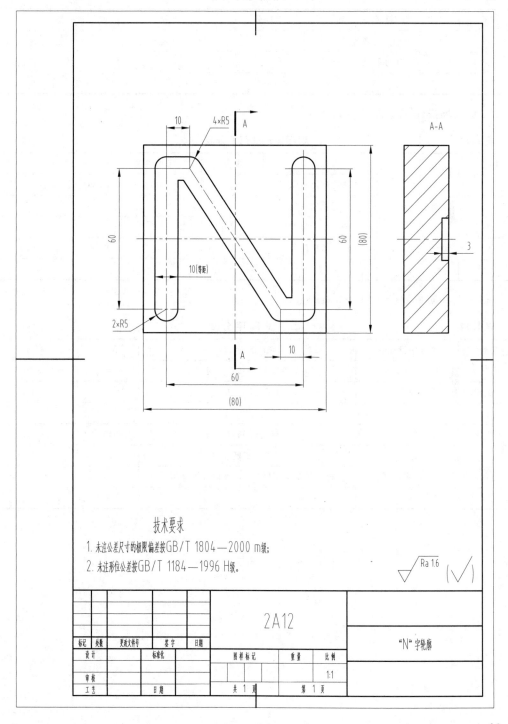

技术要求

1. 未注公差尺寸的极限偏差按GB/T 1804—2000 m级；

2. 未注形位公差按GB/T 1184—1996 H级。

2A12

"N"字轮廓

技能拓展任务："N"字轮廓评分表

（1）操作技能考核总成绩表（表 1.10）。

表 1.10　　　　　　　　　　操作技能考核总成绩表

序号	项 目 名 称	配分	得分	备注
1	现场操作规范	10		
2	工件质量	90		
合计		100		

（2）现场操作规范评分表（表 1.11）。

表 1.11　　　　　　　　　　现场操作规范评分表

序号	项目	考核内容	配分	考场表现	得分
1	现场操作规范	正确使用机床	2		
2		正确使用量具	2		
3		合理使用刃具	2		
4		设备维护保养	4		
合计			10		

（3）工件质量评分表（表 1.12）。

表 1.12　　　　　　　　　　工 件 质 量 评 分 表

序号	考核项目/mm	扣 分 标 准	配分	得分
1	60（3 处）	每超差 0.05 扣 1 分	30	
2	R5	每超差 0.05 扣 1 分	15	
3	10（等距）	每超差 0.05 扣 1 分	10	
4	3	每超差 0.05 扣 1 分	15	
5	对刀	对刀不正确全扣	10	
6	表面粗糙度	粗糙度超差 1 处扣 5 分，表面有划痕扣 5 分	10	
合计			90	

项目任务 2
圆 弧 轮 廓 加 工

2.1 项目任务及教学标准

2.1.1 项目任务

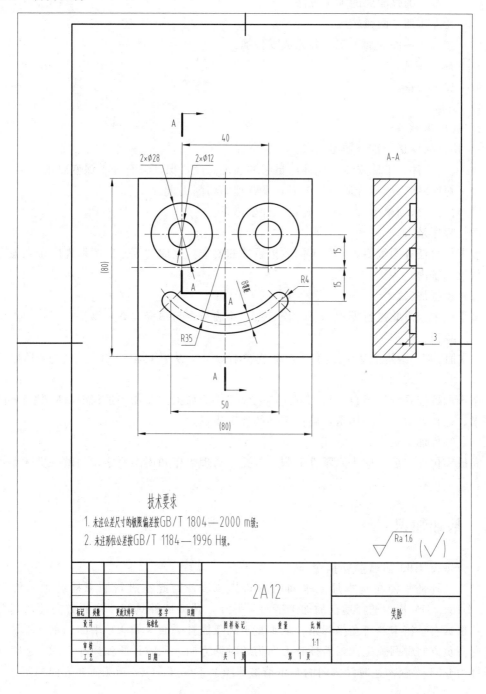

2.1.2　教学标准

1．知识目标

（1）熟悉 G02、G03 圆弧插补编程指令的功能。

（2）掌握 G02、G03 圆弧插补编程指令的格式。

2．技能目标

（1）会编制圆弧轮廓的加工程序。

（2）会操作加工圆弧轮廓。

（3）会编制零件的加工工艺并完成零件加工。

3．实训技能点

（1）加工准备。

1）开机。

2）回机床参考点。

3）检查毛坯是否符合加工要求。

4）安装工件，工件安装时应伸出足够的加工高度，保证符合加工深度要求。

5）刀具装夹，选择合适的加工刀具及合理的切削用量。

6）对刀，采用单边对刀法，确定工件坐标系。

（2）程序录入。

根据项目任务图纸要求，按不同数控系统的要求，完成"笑脸"图形程序录入编写并录入数控系统内。

（3）模拟加工。

按不同数控系统进行模拟加工，校验走刀轨迹是否与编程轮廓一致。

（4）单段方式加工。

初次加工时，为防止对刀或工件坐标系零点偏置有误，从程序运行开始就先进行单段加工。

（5）自动方式加工。

按不同数控系统选择自动加工方式，完成零件的加工。在加工过程中，应根据零件加工要求，选择合适的切削用量，确保零件的加工质量。

（6）零件加工结束。

完成零件加工后，应去除零件毛刺，打扫、清理机床和周围设施，并做好机床保养等工作。

2.2　基础知识

2.2.1　G02、G03 圆弧插补指令

圆弧插补是一种在基本加工平面内的圆弧轨迹，因此在进行圆弧插补之前要先用 G17、G18、G19 指令选择适合的加工平面。另外，圆弧插补具有严格的方向性，其判别方法：根据右手笛卡尔直角坐标系，从垂直于圆弧插补平面（如 XY 平面）轴（Z 轴）的正方向向负方向看圆弧走向，若插补方向为顺时针方向为顺时针圆弧插补 G02，逆时针圆弧插补为 G03 。顺、逆时针方向的判定请参照图 2.1 G02、G03 圆弧插补方向判定。

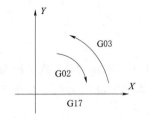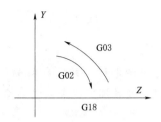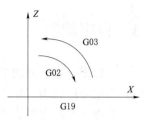

图 2.1　G02、G03 圆弧插补方向判定

1. 半径格式

FANUC 系统 G02、G03 圆弧插补半径格式见表 2.1。

表 2.1　　　　　　　　FANUC 系统 G02、G03 圆弧插补半径格式

系统	指 令 格 式	说 明
FANUC	G17 G02（G03）X＿＿ Y＿＿ R＿＿ F＿＿； G18 G02（G03）X＿＿ Z＿＿ R＿＿ F＿＿； G19 G02（G03）Y＿＿ Z＿＿ R＿＿ F＿＿；	1）X、Y、Z 为圆弧终点坐标； 2）R 为圆弧半径； 3）F 为圆弧插补进给速度

表格中 X、Y、Z 为圆弧终点坐标值，可以用绝对值，也可以用增量值，由 G90 或 G91 决定。采用圆弧半径方式编程，则 R 是圆弧半径，当圆弧所对应的圆心角不大于 180°时，R 取正值；当圆心角大于 180°小于 360°时，R 取负值；当圆心角等于 360°时，不能用半径格式编程。

2. 圆心格式

FANUC 系统 G02、G03 圆弧插补圆心格式见表 2.2。

表 2.2　　　　　　　　FANUC 系统 G02、G03 圆弧插补圆心格式

系统	指 令 格 式	说 明
FANUC	G17 G02（G03）X＿＿ Y＿＿ I＿＿ J＿＿ F＿＿； G18 G02（G03）X＿＿ Z＿＿ I＿＿ K＿＿ F＿＿； G19 G02（G03）Y＿＿ Z＿＿ J＿＿ K＿＿ F＿＿；	1）X、Y、Z 为圆弧终点坐标； 2）I、J、K 分别表示为圆弧插补起点到圆心 X、Y、Z 方向的增矢量，即圆心坐标减去起点坐标； 3）F 为圆弧插补进给速度

注意：

（1）一般数控铣床开机后，系统默认设定为 G17（XY 平面），故在 XY 平面上铣削圆弧，可省略 G17 指令。

（2）当程序段中同时出现 I、J、K 和 R 时，以 R 为优先（即有效），I、J、K 无效。

（3）I、J、K 为 0 时，可省略不写。

（4）当圆弧所对应的圆心角等于 360°时，必须用 I、J、K 圆心格式编程。

（5）直线切削后面接圆弧切削，其 G 指令必须转换为 G02 或 G03，若再转直线切削时，则必须再转换为 G01 指令，这些是很容易被疏忽的。

（6）使用切削指令（G01、G02、G03）须先指令主轴转动，且须指令进给速率 F。

2.3 程序编制

（1）根据项目任务图纸要求，该图形尺寸精度自由偏差，先用 $\phi 8mm$ 高速钢立铣刀根据轮廓中心路径加工轮廓就可以达到其加工要求。以笑脸中"嘴巴"图形为例，利用半径格式编制加工程序见表 2.3。

表 2.3　　　　　　　　　　　　利用半径格式编制加工程序

程序段号	程　序	程　序　说　明
	O0001；	程序名
N010	G90 G54 G00 Z100；	绝对编程方式、选择 G54 工件坐标系，刀具快速抬高到初始高度 100mm 处
N020	M03 800；	主轴正转，转速为 800r/min
N030	M08；	打开切削液
N040	G00 X−25 Y−15；	刀具快速定位到轮廓起点 X−25Y−15 位置
N050	Z5；	快速到达安全平面
N060	G01 Z−3 F20；	切削进给到 3mm 深度，切削进给速度为 20mm/min
N070	G03 X25 Y−15 R35 F100；	逆时针圆弧编程到 X25Y−15，圆弧半径为 35mm，切削进给速度为 100mm/min
N080	G00 Z100；	刀具快速抬高到初始高度 100mm 处
N090	X0 Y100；	刀具快速退刀到 X0Y100 位置，退出工作台，便于观察加工情况
N100	M05；	主轴停止
N110	M09；	关闭切削液
N120	M30；	程序结束，并返回程序开始处

（2）现以笑脸中"右眼"图形为例，利用圆心坐标编程编制加工程序见表 2.4。

表 2.4　　　　　　　　　　　　利用圆心坐标编程编制加工程序

程序段号	程　序	程　序　说　明
	O0002；	程序名
N010	G90 G54 G00 Z100；	绝对编程方式，选择 G54 工件坐标系，刀具快速抬高到初始高度 100mm 处
N020	M03 S1200；	主轴正转，转速为 1200r/min
N030	M08；	打开切削液
N040	G00 X10 Y15；	刀具快速定位圆弧起始点 X10Y15 位置
N050	Z5；	快速到达安全平面
N060	G01 Z−3 F20；	切削进给到 3mm 深度，切削进给速度为 20mm/min
N070	G02 X10 Y15 I10 J0 F100；	利用圆心格式编程顺时针编程回到起始点 X10Y15 位置，切削进给速度为 100mm/min
N080	G00 Z100；	刀具快速抬高到安全高度 100mm 处
N090	X0 Y100；	刀具快速退刀到 X0Y100 位置，退出工作台，便于观察加工情况
N100	M05；	主轴停止
N110	M09；	关闭切削液
N120	M30；	程序结束，并返回程序开始处

2.4 准备通知单

2.4.1 材料准备

毛坯：材料为 2A12 铝合金；尺寸：80mm×80mm×22mm。

2.4.2 刀具、工具和量具

根据项目任务要求，零件加工准备清单见表 2.5。

表 2.5   零 件 加 工 准 备 清 单

分类	名称	规格	数量	备注
刀具	立铣刀	$\phi 8$	1 把	
	雕刻刀	$\phi 4 \times 45° \times 0.2mm$	1 把	建议
	卡簧	$\phi 8$、$\phi 4$	1 把	配相应刀柄
	面铣刀	$\phi 100$ 或 $\phi 50$	1 把	配相应刀柄
工具	等高块		1 套	
量具	普通游标卡尺	0～150mm	1 把	
其他	工作服			自备
	护目镜			自备

2.5 考核标准

工作任务："笑脸"评分表

（1）操作技能考核总成绩表（表 2.6）。

表 2.6   操作技能考核总成绩表

序号	项目名称	配分	得分	备注
1	现场操作规范	10		
2	工件质量	90		
合计		100		

（2）现场操作规范评分表（表 2.7）。

表 2.7   现场操作规范评分表

序号	项目	考核内容	配分	考场表现	得分
1	现场操作规范	正确使用机床	2		
2		正确使用量具	2		
3		合理使用刀具	2		
4		设备维护保养	4		
合计			10		

（3）工件质量评分表（表 2.8）。

表 2.8　　　　　　　　　　　　　　工 件 质 量 评 分 表

序号	考核项目/mm	扣分标准	配分	得分
1	φ12（2 处）	每超差 0.05 扣 1 分	10	
2	8（等距）（3 处）	每超差 0.05 扣 1 分	15	
3	40	每超差 0.05 扣 1 分	5	
4	15（2 处）	每超差 0.05 扣 1 分	10	
5	3（3 处）	每超差 0.05 扣 1 分	15	
6	R35	每超差 0.05 扣 1 分	10	
7	50	每超差 0.05 扣 1 分	5	
8	对刀	对刀不正确全扣	10	
9	表面粗糙度	粗糙度超差 1 处扣 5 分，表面有划痕扣 5 分	10	
合计			90	

2.6　知识拓展

1. 程序段 N006 G91 G18 G94 G02 X30 Y35 I30 F100；中不应该使用（　　）。

A. G90　　　　　　B. G18　　　　　　C. G94　　　　　　D. G02

2. 顺圆弧插补指令为（　　）。

A. G04　　　　　　B. G03　　　　　　C. G02　　　　　　D. G01

3. 程序段 G02 X50 Y−20 I28 J5 F0.3 中 I28 J5 表示（　　）。

A. 圆弧的始点　　　　　　　　　　B. 圆弧的终点

C. 圆弧的圆心相对圆弧起点坐标　　D. 圆弧的半径

4. "G00 G01 G02 G03 X100.0…；"该指令中实际有效的 G 代码是（　　）。

A. G00　　　　　　B. G01　　　　　　C. G02　　　　　　D. G03

5. 圆弧插补的过程中数控系统把轨迹拆分成若干微小（　　）。

A. 直线段　　　　B. 圆弧段　　　　C. 斜线段　　　　D. 非圆曲线段

6. 在 G17 平面内逆时针铣削整圆的程序段为（　　）。

A. G03 R ＿　　　　　　　　　　　　B. G03 I ＿

C. G03 X ＿ Y ＿ Z ＿ R ＿　　　　D. G03 X ＿ Y ＿ Z ＿ K ＿

7. 圆弧插补段程序中，若采用半径 R 编程时，圆弧半径负值时（　　）。

A. 圆弧不大于 180°　　　　　　　　B. 圆弧不小于 180°

C. 圆弧小于 180°　　　　　　　　　D. 圆弧大于 180°

8. 圆弧插补的过程中数控系统把轨迹拆分成若干微小（　　）。

A. 直线段　　　　B. 圆弧段　　　　C. 斜线段　　　　D. 非圆曲线段

9. 用圆弧段逼近非圆曲线时，（　　）是常用的节点计算方法。

A. 等间距法　　　B. 等程序段法　　　C. 等误差法　　　D. 曲率圆法

10. 铣削内轮廓时，假定最小内拐角圆弧半径为 R，刀具直径为 D，下列表达式哪个较为合理（　　）。

A. $R>D$　　　　B. $R<D$　　　　C. $R>D/2$　　　　D. $R<D/2$

2.7 技能拓展

根据零件图纸要求，完成"卡通猪"轮廓的编程及加工。

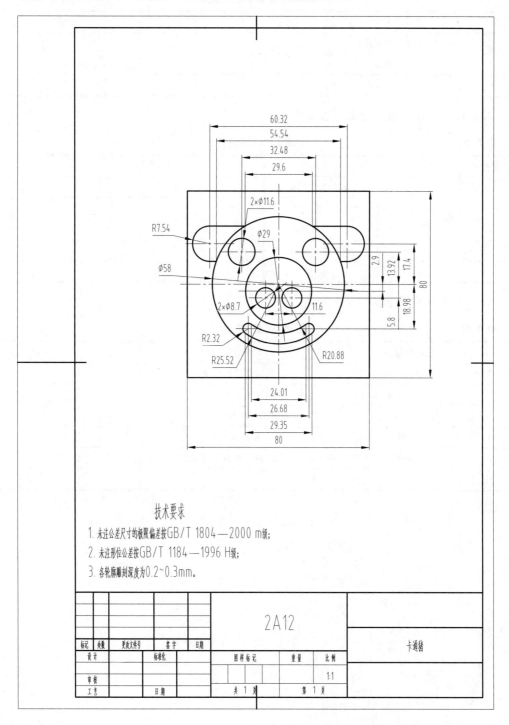

技术要求

1. 未注公差尺寸的极限偏差按GB/T 1804—2000 m级;
2. 未注形位公差按GB/T 1184—1996 H级;
3. 各轮廓雕刻深度为0.2~0.3mm。

标记	处数	更改文件号	签字	日期		2A12			卡通猪
设计			标准化			图样标记	重量	比例	
审核								1:1	
工艺		日期				共 1 张		第 1 页	

21

技能拓展任务："卡通猪"评分表

（1）操作技能考核总成绩表（表 2.9）。

表 2.9 操作技能考核总成绩表

序号	项目名称	配分	得分	备注
1	现场操作规范	10		
2	工件质量	90		
合计		100		

（2）现场操作规范评分表（表 2.10）。

表 2.10 现场操作规范评分表

序号	项目	考核内容	配分	考场表现	得分
1	现场操作规范	正确使用机床	2		
2		正确使用量具	2		
3		合理使用刃具	2		
4		设备维护保养	4		
合计			10		

（3）工件质量评分表（表 2.11）。

表 2.11 工 件 质 量 评 分 表

序号	考核项目/mm	扣分标准	配分	得分
1	形状完整度	1 处轮廓错误扣 5 分	45	
2	0.2～0.3	超差 1 处扣 2 分	10	
3	零件有无缺陷	有缺陷 1 处扣 5 分	15	
4	对刀	对刀不正确全扣	10	
5	表面粗糙度	粗糙度超差扣 5 分、表面有划痕扣 5 分	10	
合计			90	

项目任务 3
刀具半径补偿指令的运用

3.1 项目任务及教学标准

3.1.1 项目任务

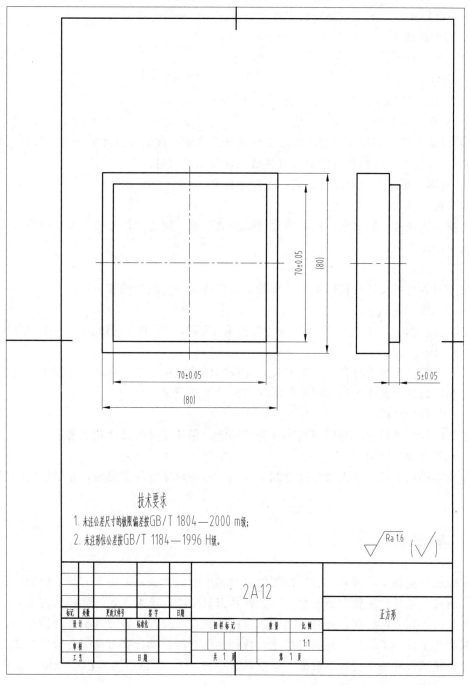

技术要求
1. 未注公差尺寸的极限偏差按GB/T 1804—2000 m级;
2. 未注形位公差按GB/T 1184—1996 H级。

$\sqrt{Ra\,1.6}$ ($\sqrt{}$)

标记	处数	更改文件号	签字	日期	2A12			正方形	
设计		标准化			图样标记	重量	比例		
审核							1:1		
工艺		日期			共 1 页		第 1 页		

3.1.2 教学标准

1. 知识目标

(1) 熟悉数控铣床刀具半径补偿 G40、G41 编程指令的功能。

(2) 掌握刀具半径补偿 G40、G41 编程指令的格式。

2. 技能目标

(1) 会利用刀具半径补偿功能编制直线轮廓零件的加工程序并完成零件加工。

(2) 会操作设备加工直线轮廓零件并能保证零件尺寸公差要求。

3. 实训技能点

(1) 加工准备。

1) 开机。

2) 回机床参考点。

3) 检查毛坯是否符合加工要求。

4) 安装工件,工件安装时应伸出足够的加工高度,保证符合加工深度要求。

5) 刀具装夹,选择合适的加工刀具及合理的切削用量。

6) 对刀,采用双边对刀法,确定工件坐标系。

(2) 程序录入。

根据项目任务图纸要求,按不同数控系统的要求,完成"正方形"图形程序录入编写并录入数控系统内。

(3) 模拟加工。

按不同数控系统进行模拟加工,校验走刀轨迹是否与编程轮廓一致。

(4) 单段方式加工。

初次加工时,为防止对刀或工件坐标系零点偏置有误,从程序运行开始就先进行单段加工。

(5) 自动方式加工。

按不同数控系统选择自动加工方式,完成零件的粗精加工。在加工过程中,应根据零件加工要求,选择合适的切削用量,确保零件的加工质量。

(6) 零件质量检测。

根据零件尺寸要求,利用刀具半径补偿功能,保证零件各尺寸精度要求。

(7) 零件加工结束。

完成零件加工后,应去除零件毛刺,打扫、清理机床和周围设施,并做好机床保养等工作。

3.2 基础知识

在数控铣削加工轮廓时,它所控制的是刀具中心的轨迹,但由于刀具半径的存在,刀具中心轨迹与工件加工轮廓不重合。人工计算刀具中心轨迹编程,计算相当复杂,且刀具直径变化时必须重新计算,并修改程序。目前各数控系统都具备刀具半径补偿功能,数控编程只需按工件加工轮廓编制加工程序,数控系统就能自动计算刀具中心轨迹,使刀具中心向零件轮廓偏移一个偏置参数值(系统参数中设置),即进行刀具半径补偿。这种根据按零件轮廓编制的程序和预先设定的偏置参数，数控装置能实时自动生成刀具中心轨迹的功能称为刀具半径补偿功能。

1. **刀具半径补偿指令**

（1）G41 刀具左补偿：沿刀具前进运动方向看，刀具中心轨迹在编程轨迹（零件轮廓）前进方向的左侧，如图 3.1（a）所示。

（2）G42 刀具右补偿：沿刀具前进运动方向看，刀具中心轨迹在编程轨迹（零件轮廓）前进方向的右侧，如图 3.1（b）所示。

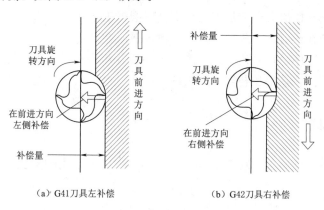

（a）G41刀具左补偿　　　　　　　（b）G42刀具右补偿

图 3.1　刀具半径补偿判别

（3）G40 取消刀补：执行该指令时，使刀具的中心点恢复至实际的编程坐标点上。

2. **刀具半径补偿指令格式**

FANUC 系统 G41、G42 刀具半径补偿指令格式见表 3.1。

表 3.1　　　　　　　　　　FANUC 系统 G41、G42 刀具半径补偿指令格式

系统	指　令　格　式	说　　　　明
FANUC	G17 G41（G42）G01（G00）X＿ Y＿ D＿ F＿ ； G18 G41（G42）G01（G00）X＿ Z＿ D＿ F＿ ； G19 G41（G42）G01（G00）Y＿ Z＿ D＿ F＿ ；	1）X、Y、Z 为建立补偿直线段的终点坐标值； 2）D 为刀具半径值补偿地址号； 3）F 为圆弧插补进给速度
	G40 G00/G01 X＿ Y＿ Z＿	取消刀补

注意：表 3.1 中的 D 为刀补号地址，用 D00～D99 来制定，它用来调用内存中刀具半径补偿的数值。通过设定该半径补偿值来完成零件粗精加工，保证零件尺寸精度。

3. **刀具半径补偿注意事项**

（1）在进行刀具半径补偿前，必须用 G17 或 G18、G19 指定刀具补偿是在哪个平面上进行。平面选择的切换必须在补偿取消的方式下进行，否则将产生报警。

（2）G41、G42、G40 只能与 G00 或 G01 一起使用，不能和 G02、G03 一起使用，轮廓加工时为安全考虑建议使与 G01 一起使用。

（3）G40、G41、G42 都是模态代码，可相互注销。

（4）在程序中用 G42 指令建立右刀补，铣削时对于工件将产生逆铣效果，故常用于粗铣。用 G41 指令建立左刀补，铣削时对于工件将产生顺铣效果，故常用于精铣。

（5）一般刀具半径补偿量的符号为正，若取负值时，会引起刀具半径补偿指令 G41 与 G42 的相互转化。

（6）顺铣和逆铣：切削工件外轮廓时，绕工件外轮廓顺时针走刀即为顺铣，绕工件外轮廓逆时针走刀即为逆铣；切削工件内轮廓时，绕工件内轮廓逆时针走刀即为顺铣，绕工件内轮廓顺时针走刀即为逆铣。

4. 产生干涉现象的几种情况

（1）直线移动量小于刀具半径补偿值时会产生干涉。

（2）刀具半径补偿值大于所加工沟槽宽度时会产生干涉。

（3）刀具半径补偿值大于所加工工件内侧圆弧时会产生干涉。

（4）编制加工程序时，未建立好刀具半径补偿就开始铣削到零件轮廓，或刀具未完全离开零件轮廓就取消刀具半径补偿会产生的干涉。

3.3 程序编制

根据项目任务图纸要求，现以 70mm×70mm 正方形为例图形为例，编制加工程序见表 3.2。

表 3.2 编 制 加 工 程 序

程序段号	程 序	程 序 说 明
	O0001；	程序名
N010	G90 G54 G40 G00 Z100；	绝对编程方式，选择 G54 工件坐标系，刀具半径补偿取消，刀具快速抬高到初始高度 100mm 处
N020	M03 S1000；	主轴正转，转速为 1000r/min
N030	M08；	打开切削液
N040	G00 X－50 Y－50；	刀具快速定位到定位点位置
N050	Z5；	快速到达安全平面
N060	G01 Z－5 F20；	切削进给到 5mm 深度
N070	G41 G01 X－35 Y－50 D01 F200；	建立刀具半径左补偿，刀具中心与编程坐标点偏移一个补偿值，补偿号为 01 号 [粗加工时补偿值为刀具半径＋（0.2～0.5）mm，半精加工为 0.1mm，精加工根据测量值修改]
N080	X－35 Y35；	切削进给加工，延长线切入
N090	X35 Y35；	切削进给加工
N100	X35 Y－35；	切削进给加工
N110	X－50 Y－35；	切削进给加工，延长线切出
N120	G40 X－50 Y－50；	取消刀具半径补偿，刀具中心回到与编程坐标点重合
N130	G00 Z100；	刀具快速抬高到初始高度 100mm 处
N140	X0 Y100；	刀具快速退刀到 X0Y100 位置，退出工作台，便于观察加工情况

程序段号	程序	程序说明
N150	M05;	主轴停止
N160	M09;	关闭切削液
N170	M30;	程序结束，并返回程序开始处

3.4 准备通知单

3.4.1 材料准备

毛坯：材料为 2A12 铝合金；尺寸：80mm×80mm×22mm。

3.4.2 刀具、工具和量具

根据项目任务要求，零件加工准备清单见表 3.3。

表 3.3　　　　　　　　　　零件加工准备清单

分类	名称	规格	数量	备注
刀具	立铣刀	$\phi16$、$\phi12$	1 把	
	卡簧	$\phi16$、$\phi12$	1 把	配相应刀柄
	面铣刀	$\phi100$ 或 $\phi50$	1 把	配相应刀柄
工具	等高块		1 套	
量具	普通游标卡尺	0～150mm	1 把	
	深度千分尺	0～25mm	1 把	
	外径千分尺	50～75mm	1 把	
其他	工作服			自备
	护目镜			自备

3.5 考核标准

工作任务：正方形评分表

（1）操作技能考核总成绩表（表 3.4）。

表 3.4　　　　　　　　　操作技能考核总成绩表

序号	项目名称	配分	得分	备注
1	现场操作规范	10		
2	工件质量	90		
合计		100		

（2）现场操作规范评分表（表3.5）。

表3.5　　　　　　　　　　　　　　　　现场操作规范评分表

序号	项目	考核内容	配分	考场表现	得分
1	现场操作规范	正确使用机床	2		
2		正确使用量具	2		
3		合理使用刀具	2		
4		设备维护保养	4		
合计			10		

（3）工件质量评分表（表3.6）。

表3.6　　　　　　　　　　　　　　　　工 件 质 量 评 分 表

序号	考核项目/mm	扣 分 标 准	配分	得分
1	70±0.05（2处）	每超差0.02扣1分	40	
2	5±0.05	每超差0.02扣1分	20	
3	零件有无缺陷	有缺陷1处扣5分	20	
4	表面粗糙度	加工部位30%不达要求扣1分，50%不达要求扣2分，75%不达要求扣4分，超过75%不达要求全扣	10	
合计			90	

3.6　知识拓展

1. 在程序中指定G41或G42功能建立刀补时需与（　　）插补指令同时指定。

A. G00或G01　　　　　B. G02或G03　　　　　C. G01或G03　　　　　D. G01或G02

2. G指令中准备功能指令用于刀具半径补偿取消的指令是（　　）。

A. G41　　　　　B. G42　　　　　C. G40　　　　　D. G49

3. 在程序中指定G41或G42功能建立刀补时需与（　　）插补指令同时指定。

A. G00或G01　　　　　B. G02或G03　　　　　C. G01或G03　　　　　D. G01或G02

4. G指令中准备功能指令用于刀具半径补偿取消的指令是（　　）。

A. G41　　　　　B. G42　　　　　C. G40　　　　　D. G49

5. （　　）为左偏刀具半径补偿，是指沿着刀具运动方向向前看（假设工件不动），刀具位于零件左侧的刀具半径补偿。

A. G39　　　　　B. G40　　　　　C. G41　　　　　D. G42

6. 刀具长度补偿指令（　　）是将H代码指定的已存入偏置器中的偏置值加到运动指令终点坐标去。

A. G48　　　　　B. G49　　　　　C. G44　　　　　D. G43

3.7 技能拓展

根据零件图纸要求，完成六边形的编程及加工。

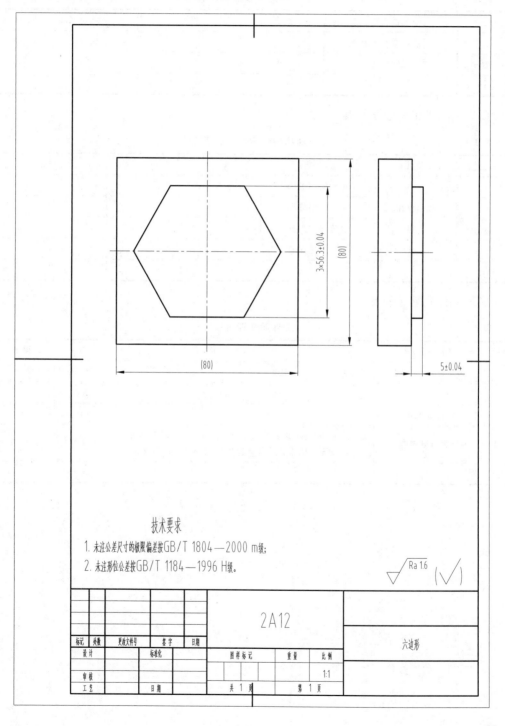

技术要求

1. 未注公差尺寸的极限偏差按GB/T 1804—2000 m级；

2. 未注形位公差按GB/T 1184—1996 H级。

$\sqrt{}$ Ra 1.6 $(\sqrt{})$

标记	处数	更改文件号	签字	日期			2A12		六边形
设计		标准化			图样标记		重量	比例	
审核								1:1	
工艺		日期			共 1 张		第 1 页		

技能拓展任务：六边形评分表

（1）操作技能考核总成绩表（表3.7）。

表3.7　　　　　　　　　　　　　操作技能考核总成绩表

序号	项目名称	配分	得分	备注
1	现场操作规范	10		
2	工件质量	90		
合计		100		

（2）现场操作规范评分表（表3.8）。

表3.8　　　　　　　　　　　　　现场操作规范评分表

序号	项目	考核内容	配分	考场表现	得分
1	现场操作规范	正确使用机床	2		
2		正确使用量具	2		
3		合理使用刀具	2		
4		设备维护保养	4		
合计			10		

（3）工件质量评分表（表3.9）。

表3.9　　　　　　　　　　　　　工件质量评分表

序号	考核项目/mm	扣 分 标 准	配分	得分
1	56.3 ± 0.04（3处）	每处每超差0.02扣1分	45	
2	5 ± 0.04	每超差0.02扣1分	20	
3	零件有无缺陷	有缺陷一处扣5分	15	
4	表面粗糙度	加工部位30%不达要求扣1分，50%不达要求扣2分，75%不达要求扣4分，超过75%不达要求全扣	10	
合计			90	

项目任务 4
刀具切入与切出的运用

4.1 项目任务及教学标准

4.1.1 项目任务

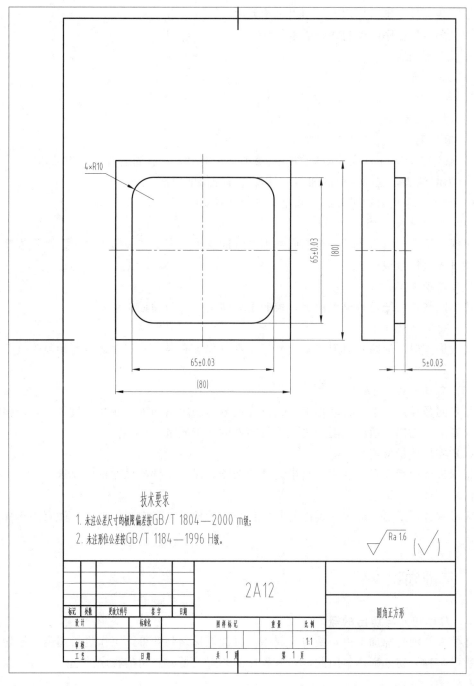

技术要求

1. 未注公差尺寸的极限偏差按GB/T 1804—2000 m级;

2. 未注形位公差按GB/T 1184—1996 H级。

2A12

圆角正方形

标记	处数	更改文件号	签字	日期					
设计		标准化			图样标记		重量	比例	
								1:1	
审核									
工艺		日期			共 1 页		第 1 页		

4.1.2　教学标准

1. 知识目标

（1）熟悉刀具切入与切出的基本概念。

（2）掌握内外轮廓刀具切入与切出进给路线。

（3）了解圆弧切入与切出注意事项。

2. 技能目标

（1）会合理安排刀具切入与切出进给路线。

（2）会零件程序的编制并完成零件加工。

3. 实训技能点

（1）加工准备。

1）开机。

2）回机床参考点。

3）检查毛坯是否符合加工要求。

4）安装工件，工件安装时应伸出足够的加工高度，保证符合加工深度要求。

5）刀具装夹，选择合适的加工刀具及合理的切削用量。

6）对刀，采用双边对刀法，确定工件坐标系。

（2）程序录入。

根据项目任务图纸要求，按不同数控系统的要求，完成"圆角正方形"图形程序录入编写并录入数控系统内。

（3）模拟加工。

按不同数控系统进行模拟加工，校验走刀轨迹是否与编程轮廓一致。

（4）单段方式加工。

初次加工时，为防止对刀或工件坐标系零点偏置有误，从程序运行开始就先进行单段加工。

（5）自动方式加工。

按不同数控系统选择自动加工方式，完成零件的粗精加工。在加工过程中，应根据零件加工要求，选择合适的切削用量，确保零件的加工质量。

（6）零件质量检测。

根据零件尺寸要求，利用刀具半径补偿功能，保证零件各尺寸精度要求。

（7）零件加工结束。

完成零件加工后，应去除零件毛刺，打扫、清理机床和周围设施，并做好机床保养等工作。

4.2　基础知识

4.2.1　刀具切入与切出的概念

在数控铣削轮廓加工中，铣刀从起始位置快速移动到即将以工作进给速度开始切削位置的程序，称为切入程序。因此，切入程序的终点就是开始切削程序的起点，这一点称为切入点。切削完毕后，铣刀应返回起始位置。铣刀由切削终了时的位置返回起始位置的程序，称为切出程序。编制数控铣削轮廓加工程序时，必须合理地安排切入和切出程序。

4.2.2　刀具切入与切出进给路线的确定

合理地确定刀具切入与切出进给路线，可以保证刀具切入与切出时的平稳性，提高零件加工精度。

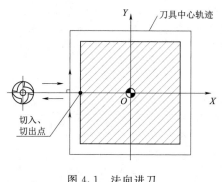

图 4.1　法向进刀

1. 外轮廓切入与切出进给路线

铣削平面零件外轮廓时，一般是采用立铣刀侧刃切削。刀具切入和切出工件时，应避免在切入、切出处产生刀具的刀痕或打刀，所以应避免沿工件外轮廓的法向切入与切出，如图 4.1 所示。

为保证工件轮廓的平滑过渡，加工外轮廓时刀具切入与切出根据加工轮廓的类型选择不同的切入、切出方式。如图 4.2（a）所示为刀具沿工件轮廓延长线切入、切出进给路线；如图 4.2（b）所示为圆弧切入、切出进给路线，图中 R 为切入、切出的圆弧半径，为便于计算，切入、切出圆弧最好为 1/4 圆弧；如图 4.2（c）所示为切线切入、切出进给路线。

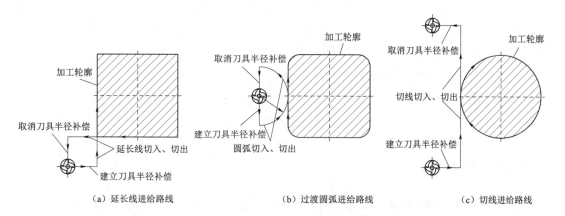

（a）延长线进给路线　　　　（b）过渡圆弧进给路线　　　　（c）切线进给路线

图 4.2　外轮廓切向进给路线

2. 内轮廓切入与切出进给路线

内轮廓加工不能沿轮廓延长线方向切入、切出，一般都沿内轮廓切向切入、切出；如图 4.3 所示内轮廓切入、切出路径使用刀具半径补偿后再设置圆弧切入、切出路径。需注意内轮廓切入、切出圆弧半径需大于刀具补偿值，小于内轮廓半径值。

4.2.3　切入与切出注意事项

（1）建立、取消刀具半径补偿路线长

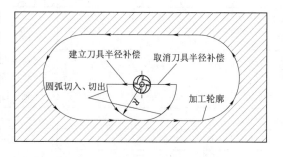

图 4.3　内轮廓切向进给路线

度，以及切入与切出圆弧半径需大于刀具半径补偿值，否则会发生报警（干涉）。

（2）加工内轮廓时刀具半径需小于内轮廓半径（多个圆弧小于最小半径）。

4.3 准备通知单

4.3.1 材料准备

毛坯：材料为 2A12 铝合金；尺寸：80mm×80mm×22mm。

4.3.2 刀具、工具、量具

根据项目任务要求，零件加工准备清单见表 4.1。

表 4.1　　　　　　　　　　　　零件加工准备清单

分类	名称	规格	数量	备注
刀具	立铣刀	$\phi16$、$\phi12$	1 把	
	卡簧	$\phi16$、$\phi12$	1 把	配相应刀柄
	面铣刀	$\phi100$ 或 $\phi50$	1 把	配相应刀柄
工具	等高块		1 套	
量具	普通游标卡尺	0～150mm	1 把	
	深度千分尺	0～25mm	1 把	
	内测千分尺	25～50mm	1 把	
	外径千分尺	50～75mm	1 把	
其他	工作服			自备
	护目镜			自备

4.4 程序编制

根据项目任务图纸要求，圆角正方形用过渡圆弧进给路线切入切出，切入切出圆弧半径为 20mm，编制加工程序见表 4.2。

表 4.2　　　　　　　　　　　　编制加工程序

程序段号	程序	程序说明
	O0001；	程序名
N010	G90 G54 G40 G00 Z100；	绝对编程方式，选择 G54 工件坐标系，取消刀具半径补偿，刀具快速抬高到初始高度 100mm 处
N020	M03 S1000；	主轴正转，转速为 1000r/min
N030	M08；	打开切削液
N040	G00 X−52.5 Y0；	刀具快速定位定位点位置
N050	Z5；	快速到达安全平面

程序段号	程　　序	程　序　说　明
N060	G01 Z－5 F20；	切削进给到 5mm 深度
N070	G41 G01 X－52.5 Y－20 D01 F200；	建立刀具半径补偿，补偿号为 01 号
N080	G03 X－32.5 Y0 R20；	半径 20mm 圆弧切入
N090	G01 X－32.5 Y22.5；	切削进给加工
N100	G02 X－22.5 Y32.5 R10；	切削进给加工
N110	G01 X22.5 Y32.5；	切削进给加工
N120	G02 X32.5 Y22.5 R10；	切削进给加工
N130	G01 X32.2 Y－22.5；	切削进给加工
N140	G02 X22.5 Y－32.5 R10；	切削进给加工
N150	G01 X－22.5 Y－32.5	切削进给加工
N160	G02 X－32.5 Y－22.5 R10	切削进给加工
N170	G01 X－32.5 Y0	切削进给加工
N180	G03 X－52.5 Y0 R20	半径 20mm 圆弧切出
N190	G40 G01 X－52.5 Y0；	取消刀具半径补偿
N200	G00 Z100；	刀具快速抬高到初始高度 100mm 处
N210	X0 Y100；	刀具快速退刀到 X0Y100 位置，退出工作台，便于观察加工情况
N220	M05；	主轴停止
N230	M09；	关闭切削液
N240	M30；	程序结束，并返回程序开始处

4.5　考核标准

工作任务：圆角正方形评分表

（1）操作技能考核总成绩表（表 4.3）。

表 4.3　　　　　　　　　操作技能考核总成绩表

序号	项目名称	配分	得分	备注
1	现场操作规范	10		
2	工件质量	90		
合计		100		

（2）现场操作规范评分表（表4.4）。

表4.4　　　　　　　　　　　　现场操作规范评分表

序号	项目	考核内容	配分	考场表现	得分
1	现场操作规范	正确使用机床	2		
2		正确使用量具	2		
3		合理使用刃具	2		
4		设备维护保养	4		
合计			10		

（3）工件质量评分表（表4.5）。

表4.5　　　　　　　　　　　　工件质量评分表

序号	考核项目/mm	扣分标准	配分	得分
1	65±0.03（2处）	每处每超差0.01扣3分	40	
2	5±0.03	每超差0.01扣2分	20	
3	4×R10	不成形不得分	10	
4	零件有无缺陷	有缺陷1处扣5分	10	
5	表面粗糙度	加工部位30%不达要求扣1分，50%不达要求扣2分，75%不达要求扣4分，超过75%不达要求全扣	10	
合计			90	

4.6 知识拓展

1. 加工无岛屿圆槽时，要获得好的表面粗糙度，切入时应采用（　　）。

A. 圆弧切线切入　　　　　　　　　　B. 直线切线切入

C. 法线切线切入　　　　　　　　　　D. 圆弧切线切入、直线切线切入都可以

2. 内轮廓在加工时，切入和切出点应尽量选择内轮廓曲线两几何元素的（　　）处。

A. 重合　　　　　B. 交点　　　　　C. 远离　　　　　D. 任意

3. 加工无岛屿圆槽时，要获得好的表面粗糙度，切入时应采用（　　）。

A. 圆弧切线切入　　　　　　　　　　B. 直线切线切入

C. 法线切线切入　　　　　　　　　　D. 圆弧切线切入、直线切线切入都可以

4. 加工内轮廓时，刀具的选用需注意（　　）。

A. 刀具半径小于内拐角半径

B. 刀具直径小于轮廓之间最小距离

C. 下刀点应有建立、取消刀具补偿空间

D. 刀具半径小于内拐角半径；刀具直径小于轮廓之间最小距离；下刀点应有建立、取消刀具补偿空间

5. 在用立铣刀加工曲线外形时，立铣刀的半径必须（　　）工件的凹圆弧半径。

A. 等于或小于　　　B. 等于　　　　C. 等于或大于　　　D. 大于

4.7 技能拓展

根据零件图纸要求，完成内轮廓的编程及加工。

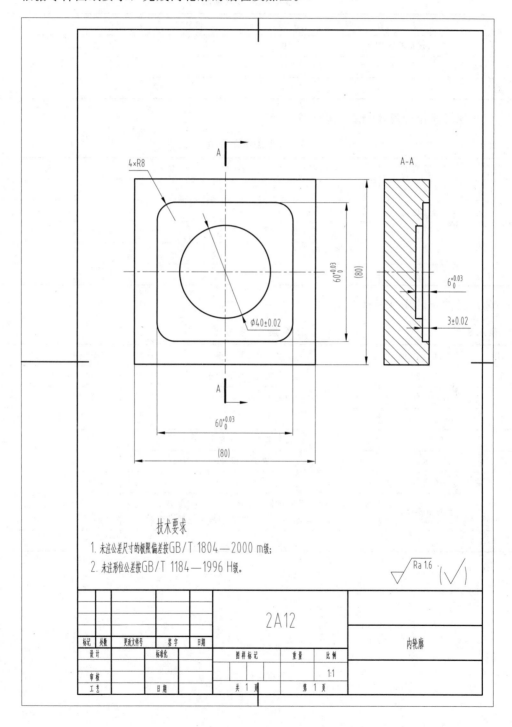

技术要求
1. 未注公差尺寸的极限偏差按GB/T 1804—2000 m级；
2. 未注形位公差按GB/T 1184—1996 H级。

技能拓展任务：内轮廓评分表

（1）操作技能考核总成绩表（表4.6）。

表4.6　　　　　　　　　　　　　操作技能考核总成绩表

序号	项目名称	配分	得分	备注
1	现场操作规范	10		
2	工件质量	90		
合计		100		

（2）现场操作规范评分表（表4.7）。

表4.7　　　　　　　　　　　　　现场操作规范评分表

序号	项目	考核内容	配分	考场表现	得分
1	现场操作规范	正确使用机床	2		
2		正确使用量具	2		
3		合理使用刀具	2		
4		设备维护保养	4		
合计			10		

（3）工件质量评分表（表4.8）。

表4.8　　　　　　　　　　　　　工 件 质 量 评 分 表

序号	考核项目/mm	扣 分 标 准	配分	得分
1	$60^{+0.03}_{0}$ （2处）	每超差0.02扣1分	20	
2	3 ± 0.02	每超差0.02扣1分	13	
3	$\phi40\pm0.02$	每超差0.02扣1分	20	
4	$6^{+0.03}_{0}$	每超差0.02扣1分	13	
5	$4\times R8$	不成形不得分	4	
6	零件有无缺陷	有缺陷1处扣5分	10	
7	表面粗糙度	加工部位30%不达要求扣1分，50%不达要求扣2分，75%不达要求扣4分，超过75%不达要求全扣	10	
合计			90	

项目任务 5
游标卡尺的使用方法

5.1 项目任务及教学标准

5.1.1 项目任务

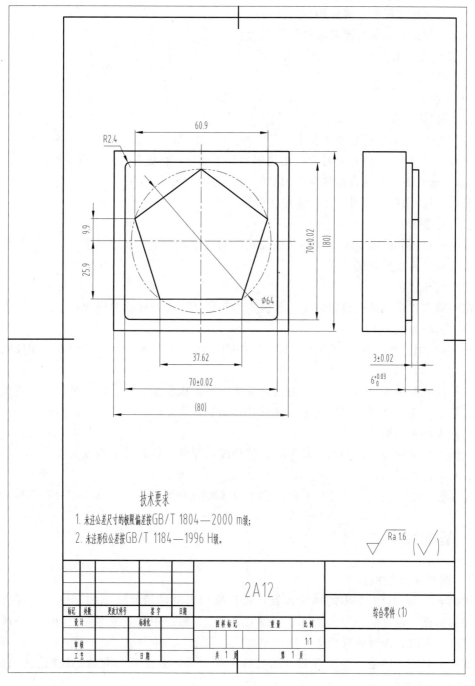

技术要求

1. 未注公差尺寸的极限偏差按GB/T 1804—2000 m级；
2. 未注形位公差按GB/T 1184—1996 H级。

						2A12				
标记	处数	更改文件号	签字	日期				综合零件 (1)		
设计		标准化			图样标记		重量	比例		
审核								1:1		
工艺		日期			共 1 页		第 1 页			

5.1.2 教学标准

1. 知识目标

（1）了解游标卡尺的构造和分类。

（2）掌握游标卡尺的测量原理及读数方法。

（3）熟悉使用游标卡尺时的注意事项。

2. 技能目标

（1）会游标卡尺的正确使用方法。

（2）会利用游标卡尺测量零件加工尺寸。

3. 实训技能点

（1）加工准备。

1）开机。

2）回机床参考点。

3）检查毛坯是否符合加工要求。

4）安装工件，工件安装时应伸出足够的加工高度，保证符合加工深度要求。

5）刀具装夹，选择合适的加工刀具及合理的切削用量。

6）对刀，采用双边对刀法，确定工件坐标系。

（2）程序录入。

根据项目任务图纸要求，按不同数控系统的要求，完成"综合零件（1）"图形程序录入编写并录入数控系统内。

（3）模拟加工。

按不同数控系统进行模拟加工，校验走刀轨迹是否与编程轮廓一致。

（4）单段方式加工。

初次加工时，为防止对刀或工件坐标系零点偏置有误，从程序运行开始就先进行单段加工。

（5）自动方式加工。

按不同数控系统选择自动加工方式，完成零件的粗精加工。在加工过程中，应根据零件加工要求，选择合适的切削用量，确保零件的加工质量。

（6）零件质量检测。

根据零件尺寸要求，利用刀具半径补偿功能，保证零件各尺寸精度要求。

（7）零件加工结束。

完成零件加工后，应去除零件毛刺，打扫、清理机床和周围设施，并做好机床保养等工作。

5.2 基础知识

5.2.1 游标卡尺的概述

游标卡尺是工业上常用的测量仪器，可直接用来测量精度较高的零件，具有结构简单、使用方便、精度中等和测量尺寸范围大等特点。可以用来测量零件的内径、外径、长度、宽度、厚度、深度和孔距等，应用范围广，属于万能量具。

游标卡尺的主体是一个刻有刻度的尺身，称主尺，沿着主尺滑动的尺框上装有游标尺（副尺）。此外，游标卡尺由外测量爪、内测量爪、深度尺、紧固螺钉组成。主尺与左面固定的上、下量爪制成一个整体，副尺与右面活动的上、下量爪制成另一个整体套装在主尺上，并可沿主尺滑动。游标卡尺的结构如图5.1所示。

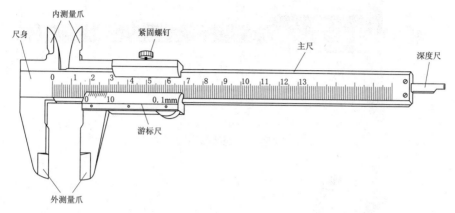

图5.1　普通游标卡尺的结构

5.2.2　游标卡尺的分类

1. 按用途分类

（1）普通游标卡尺，如图5.2所示。

图5.2　普通游标卡尺

（2）高度游标卡尺，如图5.3所示。

（3）深度游标卡尺，如图5.4所示。

（4）齿厚游标卡尺，如图5.5所示。

2. 按显示分类

（1）普通游标卡尺，如图5.2所示。

（2）带表游标卡尺，如图5.6所示。

（3）数显游标卡尺，如图5.7所示。

3. 按精度分类

按精度分类，游标卡尺可分为0.1mm、0.05mm、0.02mm、0.01mm四种。

5.2.3　游标卡尺的使用方法

用软布将量爪擦干净并将量爪并拢，查看游标和主尺身的

图5.3　高度游标卡尺

41

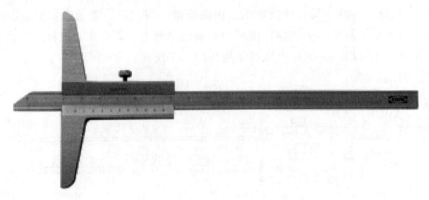

图 5.4 深度游标卡尺

图 5.5 齿厚游标卡尺

图 5.6 带表游标卡尺

图 5.7 数显游标卡尺

零刻度线是否对齐。如果对齐就可以进行测量，如没有对齐则要记取零误差，游标的零刻度线在尺身零刻度线右侧的称为正零误差，在尺身零刻度线左侧的称为负零误差。

测量时，右手拿住尺身，大拇指移动游标，左手拿待测外径（或内径）的物体，使待测物位于外测量爪之间，当与量爪贴紧时，即可读数，如图 5.8 所示。

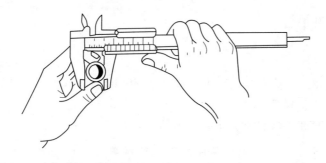

图5.8　游标卡尺的使用方法

5.2.4　游标卡尺读数方法

游标卡尺读数可分为以下三步：

（1）先读整数。看游标的最左刻度线零位过主尺上刻度线的位置，主尺刻度向左读出以毫米为单位的整数部分。

（2）再读小数。看游标零线的右边，数出游标第几条刻线与尺身的数值刻线对齐，读出被测尺寸的小数部分（即游标读数值乘以其对齐刻度线的数）。

（3）得出被测尺寸。把上面两次读数的整数部分和小数部分相加，就是卡尺的所测尺寸。

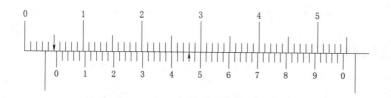

图5.9　游标卡尺读数

如图 5.9 所示，游标的最左刻度线零位线过对应到主尺刻度线 5mm 处，主尺刻度整数部分为 5mm；游标的第 23 条刻度线与主尺刻度线对齐，则小数部分为 $23 \times 0.02 = 0.460(\text{mm})$；最终测量结果为 $5 + 0.460 = 5.460(\text{mm})$。

5.2.5　使用游标卡尺的注意事项

游标卡尺是比较精密的量具，使用时应注意如下事项：

（1）使用前，应先擦干净两量爪测量面，合拢两卡量爪，检查游标尺 0 线与主尺 0 线是否对齐，若未对齐，应根据原始误差修正测量读数。

（2）测量工件时，量爪测量面必须与工件的表面平行或垂直，不得歪斜。且用力不能过大，以免量爪变形或磨损，影响测量精度。

（3）读数时，视线要垂直于尺面，否则测量值不准确。

（4）测量内径尺寸时，应轻轻摆动，以便找出最大值。

（5）游标卡尺用完后，仔细擦净，抹上防护油，平放在盒内，以防生锈或弯曲。

5.3 准备通知单

5.3.1 材料准备

毛坯：材料为 2A12 铝合金；尺寸：80mm×80mm×22mm。

5.3.2 刀具、工具、量具

根据项目任务要求，零件加工准备清单见表 5.1。

表 5.1 零件加工准备清单

分类	名称	规格	数量	备注
刀具	立铣刀	$\phi16$、$\phi12$	1 把	
	卡簧	$\phi16$、$\phi12$	1 把	配相应刀柄
	面铣刀	$\phi100$ 或 $\phi50$	1 把	配相应刀柄
工具	等高块		1 套	
量具	普通游标卡尺	$0\sim150mm$	1 把	
其他	计算器			自备
	工作服			自备
	护目镜			自备

5.4 考核标准

工作任务：综合零件（1）评分表

（1）操作技能考核总成绩表（表 5.2）。

表 5.2 操作技能考核总成绩表

序号	项目名称	配分	得分	备注
1	现场操作规范	10		
2	工件质量	90		
合计		100		

（2）现场操作规范评分表（表 5.3）。

表 5.3   现场操作规范评分表

序号	项目	考核内容	配分	考场表现	得分
1	现场操作规范	正确使用机床	2		
2		正确使用量具	2		
3		合理使用刃具	2		
4		设备维护保养	4		
合计			10		

（3）工件质量评分表（表 5.4）。

表 5.4   工 件 质 量 评 分 表

序号	考核项目/mm	扣 分 标 准	配分	得分
1	70 ± 0.02（2 处）	每处每超差 0.02 扣 1 分	30	
2	3 ± 0.02	每超差 0.02 扣 1 分	15	
3	$6^{+0.03}_{0}$	每超差 0.02 扣 1 分	15	
4	60.9	每超差 1 处扣 4 分	12	
5	R2.4	每超差 1 处扣 2 分	8	
6	表面粗糙度	加工部位 30%不达要求扣 1 分，50%不达要求扣 2 分，75%不达要求扣 4 分，超过 75%不达要求全扣	10	
合计			90	

5.5 知识拓展

1. 游标卡尺读数时，下列操作不正确的是（   ）。

A. 平拿卡尺

B. 视线垂直于刻线

C. 朝着有光亮方向

D. 没有刻线完全对齐时，应选相邻刻线中较小的作为读数

2. 游标卡尺以 20.00mm 的块规校正时，读数为 19.95mm，若测得工件读数为 15.40mm，则实际尺寸为（   ）mm。

    A. 15.45   B. 15.30   C. 15.15   D. 15.00

3. 一般游标卡尺无法直接量测的是（   ）。

    A. 内径   B. 外径   C. 锥度   D. 深度

4. 游标卡尺是属于（   ）测量器具。

    A. 标准量具   B. 极限量规   C. 通用量具   D. 检验夹具

5. 若某游标卡尺的校正值为 +0.02mm，用该游标卡尺测量轴径时读数为 ϕ30mm，则该轴径的实际尺寸为（   ）mm。

    A. 30   B. 30.02   C. 29.98   D. 29.80

5.6　技能拓展

根据零件图纸要求，完成综合零件（2）的编程及加工。

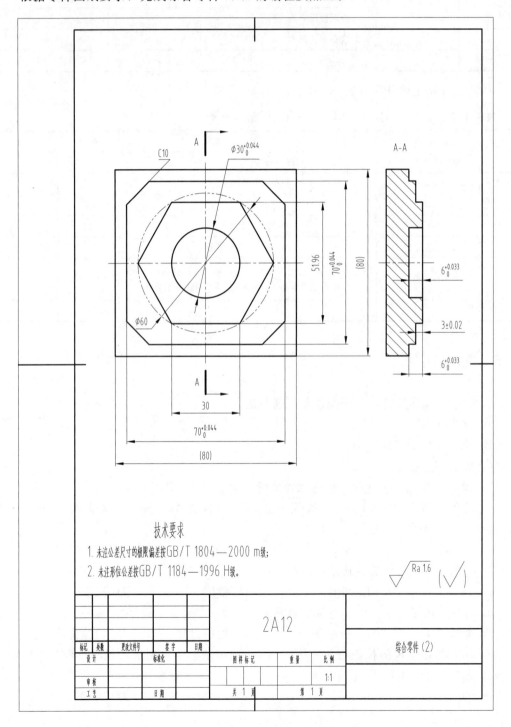

技术要求

1. 未注公差尺寸的极限偏差按GB/T 1804—2000 m级；
2. 未注形位公差按GB/T 1184—1996 H级。

2A12

综合零件（2）

技能拓展任务：综合零件（2）评分表

（1）操作技能考核总成绩表（表5.5）。

表5.5　　　　　　　　　　　操作技能考核总成绩表

序号	项目名称	配分	得分	备注
1	现场操作规范	10		
2	工件质量	90		
合计		100		

（2）现场操作规范评分表（表5.6）。

表5.6　　　　　　　　　　　现场操作规范评分表

序号	项目	考核内容	配分	考场表现	得分
1	现场操作规范	正确使用机床	2		
2		正确使用量具	2		
3		合理使用刃具	2		
4		设备维护保养	4		
合计			10		

（3）工件质量评分表（表5.7）。

表5.7　　　　　　　　　　　工 件 质 量 评 分 表

序号	考核项目/mm	扣 分 标 准	配分	得分
1	$70^{+0.044}_{0}$（2处）	每处每超差0.02扣1分	14	
2	$\phi 30^{+0.044}_{0}$	每超差0.02扣1分	14	
3	$6^{+0.033}_{0}$	每超差0.02扣1分	14	
4	3 ± 0.02	每超差0.02扣1分	12	
5	$6^{+0.033}_{0}$	每超差0.02扣1分	12	
6	51.96	每处每超差0.02扣1分	8	
7	C10	每超差1处扣2分	8	
8	表面粗糙度	加工部位30%不达要求扣1分，50%不达要求扣2分，75%不达要求扣4分，超过75%不达要求全扣	8	
合计			90	

项目任务6
千分尺的使用方法

6.1 项目任务及教学标准

6.1.1 项目任务

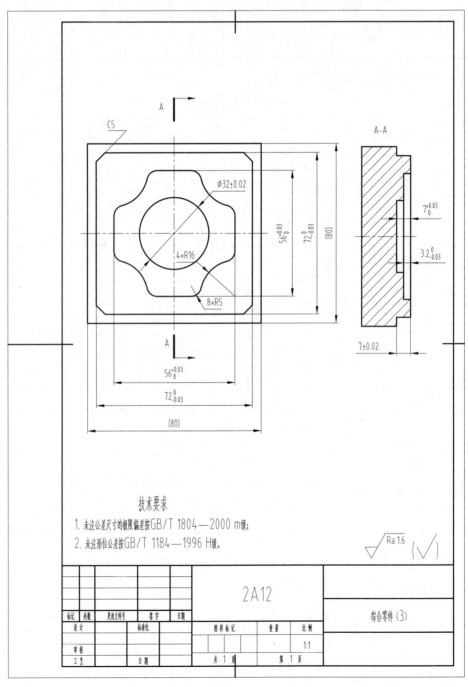

技术要求

1. 未注公差尺寸的极限偏差按GB/T 1804—2000 m级;
2. 未注形位公差按GB/T 1184—1996 H级。

6.1.2 教学标准

1. 知识目标

(1) 了解千分尺种类和规格结构。

(2) 掌握千分尺工作原理和读数方法。

(3) 熟悉使用千分尺时的注意事项。

2. 技能目标

(1) 会千分尺的正确使用方法。

(2) 会利用千分尺测量零件加工尺寸。

3. 实训技能点

(1) 加工准备。

1) 开机。

2) 回机床参考点。

3) 检查毛坯是否符合加工要求。

4) 安装工件,工件安装时应伸出足够的加工高度,保证符合加工深度要求。

5) 刀具装夹,选择合适的加工刀具及合理的切削用量。

6) 对刀,采用双边对刀法,确定工件坐标系。

(2) 程序录入。

根据项目任务图纸要求,按不同数控系统的要求,完成"综合零件(3)"图形程序录入编写并录入数控系统内。

(3) 模拟加工。

按不同数控系统进行模拟加工,校验走刀轨迹是否与编程轮廓一致。

(4) 单段方式加工。

初次加工时,为防止对刀或工件坐标系零点偏置有误,从程序运行开始就先进行单段加工。

(5) 自动方式加工。

按不同数控系统选择自动加工方式,完成零件的粗精加工。在加工过程中,应根据零件加工要求,选择合适的切削用量,确保零件的加工质量。

(6) 零件质量检测。

根据零件尺寸要求,利用刀具半径补偿功能,保证零件各尺寸精度要求。

(7) 零件加工结束。

完成零件加工后,应去除零件毛刺,打扫、清理机床和周围设施,并做好机床保养等工作。

6.2 基础知识

6.2.1 千分尺的概念

千分尺是一种精密测量仪器,测量精度比游标卡尺更精密,而且比较灵敏。精度有0.01mm、0.02mm、0.05mm几种,加上估读的1位,可读取到小数点后第3位(千分位),故称"千分尺"。

6.2.2 千分尺的分类

1. 按用途分类

（1）外径千分尺，如图 6.1 所示。

图 6.1 外径千分尺

（2）内径千分尺。

根据结构的不同，内径千分尺还可以分为内径千分尺和三点内径千分尺等类型，如图 6.2 和图 6.3 所示。

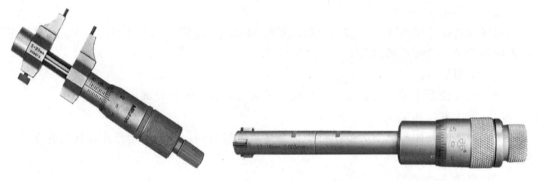

图 6.2 内径千分尺　　　　　　　图 6.3 三点内径千分尺

（3）深度千分尺，如图 6.4 所示。

图 6.4 深度千分尺

（4）螺纹千分尺，如图 6.5 所示。

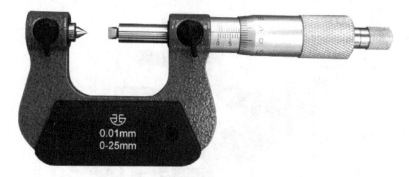

图 6.5　螺纹千分尺

（5）壁厚千分尺，如图 6.6 所示。

图 6.6　壁厚千分尺

2. 按显示分类

（1）普通千分尺，如图 6.1～图 6.6 所示。

（2）带表千分尺，如图 6.7 所示。

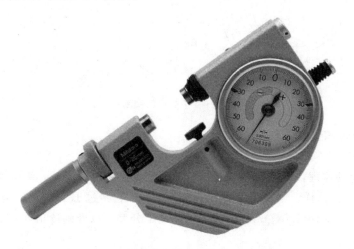

图 6.7　带表千分尺

（3）数显千分尺，如图6.8所示。

图6.8　数显千分尺

3. 按测量范围分类

常见千分尺的测量范围为0～25mm、25～50mm、50～75mm和75～100mm等，每隔25mm为一挡规格。如图6.1所示，为0～25mm的普通外径千分尺。

6.2.3　千分尺的结构

以外径千分尺为例，外径千分尺的结构由固定的尺架、测砧、测微螺杆、螺母套管、微分套筒、棘轮、锁紧装置的绝热板等组成，如图6.9所示。固定套管上有一条水平线，这条线上、下各有一列间距为1mm的刻度线，上面的刻度线恰好在下面二相邻刻度线中间。微分筒上的刻度线是将圆周分为50等分的水平线，它是旋转运动的。

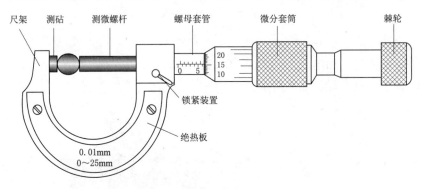

图6.9　千分尺结构图

6.2.4　工作原理和读数方法

1. 工作原理

根据螺旋运动原理，当微分筒（又称可动刻度筒）旋转一周时，测微螺杆前进或后退一个螺距0.5mm。这样，当微分筒旋转一个分度后，它转过了1/50周，这时螺杆沿轴线移动了1/50×0.5mm＝0.01(mm)，因此，使用千分尺可以准确读出0.01mm的数值。

2. 读数方法

以微分套筒的基准线为基准读取左边固定套筒刻度值，再以固定套筒基准线读取微分套筒刻度线上与基准线对齐的刻度，即为微分套筒刻度值，将固定套筒刻度值与微分套筒刻度值相加，即为测量值。具体方法如下：

（1）先读出固定套筒上露出的整毫米数和半毫米数。

（2）看准微分筒上哪一格与固定套筒基准线对准，读出小数部分。为精确确定小数部分的数值，读书时应从固定套筒中线下侧线看起。

（3）将整数和小数部分相加，即为被测工件的尺寸。

$$测量值＝固定刻度读数＋（可动刻度格字数×精度）$$

以图 6.10 为例，千分尺读数结果如下：

（1）读整数或半毫米数：11.5mm。

（2）读小数：15 格×0.01mm＝0.15（mm）。

（3）整数加小数：11.5mm＋0.150mm＝11.650（mm）。

6.2.5　千分尺的使用方法

（1）按被测工件尺寸类型的大小选择千分尺的类型和规格。

（2）千分尺对零位的调整。

（3）转动微分筒，测微螺杆张开的距离略大于被测要素尺寸。

（4）左手握住尺架，右手大拇指和食指握住测力装置，并使测砧和测微螺杆伸入工件所测部位。

（5）顺时针转动测力装置中的棘轮，同时测微螺杆做轻微的轴向窜动和径向摆动，以对准工件的直径，当棘轮发出嗒嗒声响时，就可以读出工件尺寸，或锁紧螺杆，将千分尺轻轻地从被测工件表面上拉出再读取测量值。

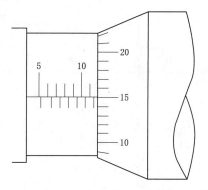

图 6.10　千分尺读数

6.2.6　使用千分尺应注意的事项

（1）千分尺是一种精密的量具，使用时应小心谨慎，动作轻缓，避免受到打击和碰撞。

（2）测量前应检查零位的准确性；测量时，千分尺的测量面与零件的被测表面应擦拭干净，以保证测量准确。

（3）为了防止手温使尺架膨胀引起微小的误差，要在尺架上装隔热装置。测量时手握隔热装置，尽量减少接触尺架的金属部分。

（4）旋钮和测力装置在转动时都不能过分用力。

（5）当测微螺杆与测砧已将待测物卡住或旋紧锁紧装置的情况下，决不能强行转动旋钮。

（6）千分尺使用后，应用纱布擦干净，在测砧与螺杆之间留出一点空隙，放入盒中。如长期不用可抹上黄油或机油，放置在干燥的地方。注意不要让它接触腐蚀性的气体。

（7）使用千分尺测同一长度时，一般应反复测量几次，取其平均值作为测量结果。

（8）读数时，不要读错固定刻度上的 0.5mm。

6.3 准备通知单

6.3.1 材料准备

毛坯：材料为2A12铝合金；尺寸：80mm×80mm×22mm。

6.3.2 刀具、工具、量具

根据项目任务要求，零件加工准备清单见表6.1。

表6.1　　　　　　　　　　　零件加工准备清单

分类	名称	规格	数量	备注
刀具	立铣刀	$\phi16$、$\phi12$	1把	
	卡簧	$\phi16$、$\phi12$	1把	配相应刀柄
	面铣刀	$\phi100$或$\phi50$	1把	配相应刀柄
工具	等高块		1套	
量具	普通游标卡尺	0～150mm	1把	
	深度千分尺	0～25mm	1把	
	内测千分尺	5～30mm	1把	
		25～50mm	1把	
	外径千分尺	50～75mm	1把	
其他	计算器			自备
	工作服			自备
	护目镜			自备

6.4 考核标准

工作任务：综合零件（3）评分表

（1）操作技能考核总成绩表（表6.2）。

表6.2　　　　　　　　　　操作技能考核总成绩表

序号	项目名称	配分	得分	备注
1	现场操作规范	10		
2	工件质量	90		
合计		100		

（2）现场操作规范评分表（表6.3）。

表6.3　　　　　　　　　　　现场操作规范评分表

序号	项目	考核内容	配分	考场表现	得分
1		正确使用机床	2		
2	现场操作	正确使用量具	2		
3	规范	合理使用刃具	2		
4		设备维护保养	4		
合计			10		

（3）工件质量评分表（表6.4）。

表6.4　　　　　　　　　　**工 件 质 量 评 分 表**

序号	考核项目/mm	扣 分 标 准	配分	得分
1	$\phi 32 \pm 0.02$	每超差 0.02 扣 1 分	14	
2	$56^{+0.03}_{0}$（2处）	每处每超差 0.02 扣 1 分	14	
3	$72^{0}_{-0.03}$（2处）	每处每超差 0.02 扣 1 分	14	
4	$7^{+0.03}_{0}$	每超差 0.02 扣 1 分	8	
5	$3.2^{0}_{-0.03}$	每超差 0.02 扣 1 分	8	
6	7 ± 0.02	每超差 0.02 扣 1 分	8	
7	C5	每超差 1 处扣 2 分	4	
8	$8 \times R5$	每超差 1 处扣 1 分	8	
9	$4 \times R16$	每超差 1 处扣 1 分	4	
10	表面粗糙度	加工部位 30% 不达要求扣 1 分，50% 不达要求扣 2 分，75% 不达要求扣 4 分，超过 75% 不达要求全扣	8	
合计			90	

6.5　知识拓展

1. 千分尺微分筒转动 1 周，测微螺杆移动（　　）mm。

A. 0.1　　　　　　B. 0.01　　　　　　C. 1　　　　　　D. 0.5

2. 外径千分尺在使用时操作正确的是（　　）。

A. 猛力转动测力装置　　　　　　　　B. 旋转微分筒使测量表面与工件接触

C. 退尺时要旋转测力装置　　　　　　D. 不允许测量带有毛刺的边缘表面

3. 常用规格的千分尺的测微螺杆移动量是（　　）。

A. 85mm　　　　　B. 35mm　　　　　C. 25mm　　　　　D. 15mm

4. 外径千分尺分度值一般为（　　）。

A. 0.2m　　　　　B. 0.5mm　　　　　C. 0.01mm　　　　D. 0.1cm

5. 千分尺微分筒转动 1 周，测微螺杆移动（　　）mm。

A. 0.1　　　　　　B. 0.01　　　　　　C. 1　　　　　　D. 0.5

6.6 技能拓展

根据零件图纸要求，完成综合零件（4）的编程及加工。

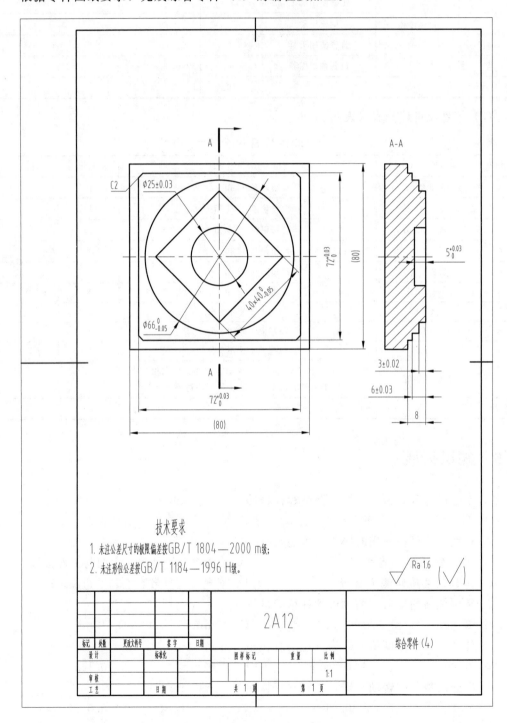

技能拓展任务：综合零件（4）评分表

（1）操作技能考核总成绩表。

表 6.5　　　　　　　　　　　操作技能考核总成绩表

序号	项目名称	配分	得分	备注
1	现场操作规范	10		
2	工件质量	90		
合计		100		

（2）现场操作规范评分表（表 6.6）

表 6.6　　　　　　　　　　　现场操作规范评分表

序号	项目	考核内容	配分	考场表现	得分
1	现场操作规范	正确使用机床	2		
2		正确使用量具	2		
3		合理使用刃具	2		
4		设备维护保养	4		
合计			10		

（3）工件质量评分表（表 6.7）

表 6.7　　　　　　　　　　　工 件 质 量 评 分 表

序号	考核项目/mm	扣 分 标 准	配分	得分
1	$72^{+0.03}_{0}$（2处）	每超差 0.02 扣 1 分	16	
2	$40^{0}_{-0.05}$（2处）	每超差 0.02 扣 1 分	16	
3	$\phi25\pm0.03$	每超差 0.02 扣 1 分	10	
4	$\phi66^{0}_{-0.05}$	每超差 0.02 扣 1 分	8	
5	$5^{+0.03}_{0}$	每超差 0.02 扣 1 分	8	
6	3 ± 0.02	每超差 0.02 扣 1 分	8	
7	6 ± 0.03	每超差 0.02 扣 1 分	8	
8	8	每超差 0.05 扣 1 分	4	
9	C2	不成形不得分	4	
10	表面粗糙度	加工部位 30% 不达要求扣 1 分，50% 不达要求扣 2 分，75% 不达要求扣 4 分，超过 75% 不达要求全扣	8	
合计			90	

项目任务 7
G68、G69 旋转指令的运用

7.1 项目任务及教学标准

7.1.1 项目任务

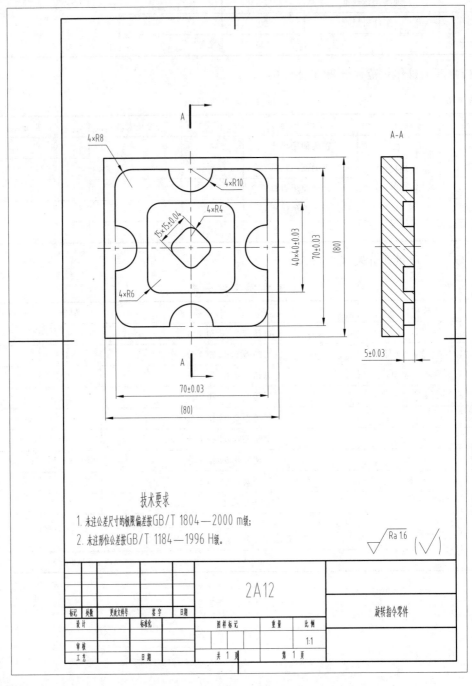

7.1.2　教学标准

1．知识目标

（1）掌握数控铣床旋转指令 G68、G69 的指令格式。

（2）掌握数控铣床旋转指令的编程方法。

2．技能目标

（1）会利用旋转指令功能编制零件加工程序。

（2）会制定零件加工工艺并完成零件加工。

3．实训技能点

（1）加工准备。

1）开机。

2）回机床参考点。

3）检查毛坯是否符合加工要求。

4）安装工件，工件安装时应伸出足够的加工高度，保证符合加工深度要求。

5）刀具装夹，选择合适的加工刀具及合理的切削用量。

6）对刀，采用双边对刀法，确定工件坐标系。

（2）程序录入。

根据项目任务图纸要求，按不同数控系统的要求，完成"旋转指令零件"图形程序录入编写并录入数控系统内。

（3）模拟加工。

按不同数控系统进行模拟加工，校验走刀轨迹是否与编程轮廓一致。

（4）单段方式加工。

初次加工时，为防止对刀或工件坐标系零点偏置有误，从程序运行开始就先进行单段加工。

（5）自动方式加工。

按不同数控系统选择自动加工方式，完成零件的粗精加工。在加工过程中，应根据零件加工要求，选择合适的切削用量，确保零件的加工质量。

（6）零件质量检测。

根据零件尺寸要求，利用刀具半径补偿功能，保证零件各尺寸精度要求。

（7）零件加工结束。

完成零件加工后，应去除零件毛刺，打扫、清理机床和周围设施，并做好机床保养等工作。

7.2　基础知识

7.2.1　坐标系旋转功能 G68、G69

该指令可使编程图形按照指定的旋转中心及旋转方向旋转一定的角度。如图 7.1 所示，编制①图形的加工程序，以"O 点"为旋转中心，通过坐标系旋转功能指令在绝对编程方式下旋转 45°后就能完成②图形的加工，再旋转 90°就能完成③图形的加工，这样能更好地简化编程工作量。FANUC 系统 G68、G69 旋转指令格式见表 7.1。

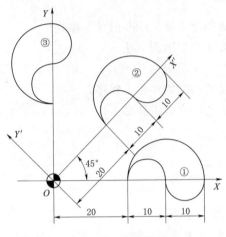

图 7.1 坐标系旋转

表 7.1 FANUC 系统 G68、G69 旋转指令格式

系统	指令格式	说明
FANUC	G17　G68　X __ Y __ R __ ; G18　G68　X __ Z __ R __ ; G19　G68　Y __ Z __ R __ ;	1）X、Y、Z 为旋转中心的坐标系； 2）R 为旋转角度
	G69	取消坐标系旋转

7.2.2 G68、G69 的注意事项

（1）在使用 G68、G69 指令时，要确保选择正确的坐标系，以确保旋转指令的生效和准确性。

（2）在使用 G68 指令时，旋转中心应选择图形的旋转中心上，以确保旋转后工件的准确定位和加工精度。

（3）旋转角度要根据具体加工需求进行确定。旋转角度正值，表示逆时针旋转；负值则表示顺时针旋转。

（4）应在坐标系旋转之后，执行刀具半径补偿、刀具长度补偿、刀具偏置和其他补偿操作。

（5）G69 指令的作用是取消 G68 的旋转效果，将工件坐标系恢复到初始状态。一般情况下，在一次加工操作完成后，需要使用 G69 指令将工件坐标系复位，以确保后续加工的准确性和一致性。

7.3 程序编制

现以零件中心 15mm×15mm 圆角正方形图形为例，根据项目任务图纸要求，选择 ϕ8 高速钢立铣刀加工该轮廓，编制加工程序见表 7.2。

表 7.2 编制加工程序

程序段号	程 序	程 序 说 明
	O0001；	程序名
N010	G90 G54 G40 G69 G00 Z100；	绝对编程方式、选择 G54 工件坐标系，取消刀具半径补偿，取消坐标系旋转，刀具快速抬高到初始高度 100mm 处
N020	M03 S1000；	主轴正转，转速为 1000r/min
N030	M08；	打开切削液
N040	G68 X0 Y0 R45	旋转工件坐标系，以（0，0）为旋转中心，旋转角度为 45°
N050	G00 X－13.5 Y0；	刀具快速定位定位点位置，（坐标系旋转后需执行 X 轴或 Y 轴定位）
N060	Z5；	快速到达安全平面
N070	G01 Z－3 F20；	切削进给到 3mm 深度
N080	G41 G01 X－13.5 Y－6 D01 F100；	建立刀具半径补偿，补偿号为 01 号
N090	G03 X－7.5 Y0 R6；	圆弧切入半径为 6mm
N100	G01 X－7.5 Y3.5；	切削进给加工
N110	G02 X－3.5 Y7.5 R4	切削进给加工
N120	G01 X3.5 Y7.5；	切削进给加工
N130	G02 X7.5 Y3.5 R4；	切削进给加工
N140	G01 X7.5 Y－3.5；	切削进给加工
N150	G02 X3.5 Y－7.5 R4；	切削进给加工
N160	G01 X－3.5 Y－7.5	切削进给加工
N170	G02 X－7.5 Y－3.5 R4	切削进给加工
N180	G01 X－7.5 Y0	切削进给加工
N190	G03 X－13.5 Y6 R6；	圆弧切出半径为 6mm
N200	G40 G01 X－13.5 Y0；	取消刀具半径补偿
N210	G00 Z100；	刀具快速抬高到安全高度 100mm 处
N220	G69；	取消坐标系旋转
N230	G00X0 Y100；	刀具快速退刀到 X0Y100 位置，退出工作台，便于观察加工情况
N240	M05；	主轴停止
N250	M09；	关闭切削液
N260	M30；	程序结束，并返回程序开始处

7.4 准备通知单

7.4.1 材料准备

毛坯：材料为 2A12 铝合金；尺寸：80mm×80mm×22mm。

7.4.2 刀具、工具、量具

根据项目任务要求，零件加工准备清单见表 7.3。

表7.3 零件加工准备清单

分类	名称	规格	数量	备注
刀具	立铣刀	$\phi16$、$\phi12$、$\phi8$	1把	
	卡簧	$\phi16$、$\phi12$、$\phi8$	1把	配相应刀柄
	面铣刀	$\phi100$ 或 $\phi50$	1把	配相应刀柄
工具	等高块		1套	
量具	普通游标卡尺	$0\sim150$mm	1把	
	深度千分尺	$0\sim25$mm	1把	
	内测千分尺	$25\sim50$mm	1把	
	外径千分尺	$50\sim75$mm	1把	
其他	计算器			自备
	工作服			自备
	护目镜			自备

7.5 考核标准

工作任务：旋转指令零件评分表

（1）操作技能考核总成绩表（表7.4）。

表7.4 操作技能考核总成绩表

序号	项目名称	配分	得分	备注
1	现场操作规范	10		
2	工件质量	90		
合计		100		

（2）现场操作规范评分表（表7.5）。

表7.5 现场操作规范评分表

序号	项目	考核内容	配分	考场表现	得分
1	现场操作规范	正确使用机床	2		
2		正确使用量具	2		
3		合理使用刀具	2		
4		设备维护保养	4		
合计			10		

（3）工件质量评分表（表 7.6）。

表 7.6　　　　　　　　　　　　工件质量评分表

序号	考核项目/mm	扣分标准	配分	得分
1	15±0.04（2 处）	每超差 0.02 扣 1 分	14	
2	40±0.03（2 处）	每超差 0.02 扣 1 分	14	
3	70±0.03（2 处）	每超差 0.02 扣 1 分	14	
4	5±0.03	每超差 0.02 扣 1 分	14	
5	4×R4	不成形不得分	6	
6	4×R6	不成形不得分	6	
7	4×R8	不成形不得分	6	
8	4×R10	不成形不得分	6	
9	表面粗糙度	加工部位 30％不达要求扣 1 分，50％不达要求扣 2 分，75％不达要求扣 4 分，超过 75％不达要求全扣	10	
合计			90	

7.6　知识拓展

1. 使用一双刃镗刀加工一直径为 40H7 的孔，推荐每齿进给量（Fz）0.05，主轴转速为 800r/min，进给速度（F）为（　　）。

A. 80mm/min　　　　　　　　　　B. 160mm/min

C. 480mm/min　　　　　　　　　　D. 800mm/min

2. 已知直径为 10mm 立铣刀铣削钢件时，推荐切削速度（Vc）15.7m/min，主轴转速（N）为（　　）。

A. 200r/min　　　　　　　　　　B. 300r/min

C. 400r/min　　　　　　　　　　D. 500r/min

3. 辅助指令 M03 功能是主轴（　　）指令。

A. 反转　　　　　　B. 启动　　　　　　C. 正转　　　　　　D. 停止

4. 确定铣床主轴转速的计算公式为（　　）。

A. $n=\pi \times D/(1000 \times V)$　　　　　　B. $n=1000 \times V/(\pi \times D)$

C. $n=1000 \times D/(\pi \times V)$　　　　　　D. $n=1000 \times \pi/(D \times V)$

5. 已知直径为 10mm 立铣刀铣削钢件时，推荐切削速度（Vc）15.7m/min，主轴转速（N）为（　　）。

A. 200r/min　　　　　　　　　　B. 300r/min

C. 400r/min　　　　　　　　　　D. 500r/min

7.7 技能拓展

根据零件图纸要求，完成综合零件（5）的编程及加工。

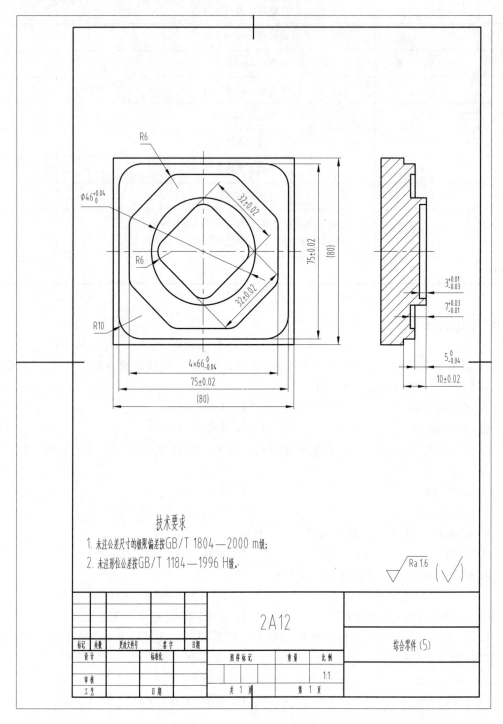

技术要求

1. 未注公差尺寸的极限偏差按GB/T 1804—2000 m级；
2. 未注形位公差按GB/T 1184—1996 H级。

$\sqrt{Ra\,1.6}$ （ $\sqrt{}$ ）

2A12

综合零件（5）

标记	处数	更改文件号	签字	日期			
设计		标准化			图样标记	重量	比例
审核							1:1
工艺		日期			共 1 页	第 1 页	

技能拓展任务：综合零件（5）评分表

（1）操作技能考核总成绩表（表7.7）。

表7.7　　　　　　　　　　　操作技能考核总成绩表

序号	项目名称	配分	得分	备注
1	现场操作规范	10		
2	工件质量	90		
合计		100		

（2）现场操作规范评分表（表7.8）。

表7.8　　　　　　　　　　　现场操作规范评分表

序号	项目	考核内容	配分	考场表现	得分
1	现场操作规范	正确使用机床	2		
2		正确使用量具	2		
3		合理使用刃具	2		
4		设备维护保养	4		
合计			10		

（3）工件质量评分表（表7.9）。

表7.9　　　　　　　　　　　工 件 质 量 评 分 表

序号	考核项目/mm	扣 分 标 准	配分	得分
1	75 ± 0.02（2处）	每超差0.02扣1分	12	
2	32 ± 0.02（2处）	每超差0.02扣1分	12	
3	$66_{-0.04}^{0}$（4处）	每超差0.02扣1分	16	
4	$\phi46_{0}^{+0.04}$	每超差0.02扣1分	8	
5	R10	不成形不得分	4	
6	$3_{-0.03}^{+0.01}$	每超差0.02扣1分	8	
7	$7_{-0.01}^{+0.03}$	每超差0.02扣1分	8	
8	$5_{-0.04}^{0}$	每超差0.02扣1分	8	
9	10 ± 0.02	每超差0.02扣1分	6	
10	表面粗糙度	加工部位30%不达要求扣1分，50%不达要求扣2分，75%不达要求扣4分，超过75%不达要求全扣	8	
合计			90	

项目任务 8
子程序 M98、M99 指令的运用

8.1 项目任务及教学标准

8.1.1 项目任务

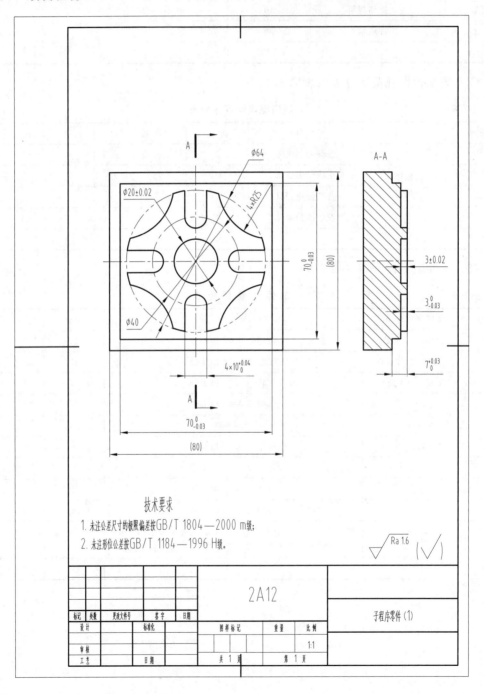

技术要求

1. 未注公差尺寸的极限偏差按GB/T 1804—2000 m级;

2. 未注形位公差按GB/T 1184—1996 H级。

8.1.2 教学标准

1．知识目标

（1）掌握数控铣床子程序的编程格式。

（2）掌握数控铣床子程序的编程方法。

2．技能目标

（1）会利用子程序功能编制零件的加工程序。

（2）会制定零件的加工工艺并完成零件加工。

3．实训技能点

（1）加工准备。

1）开机。

2）回机床参考点。

3）检查毛坯是否符合加工要求。

4）安装工件，工件安装时应伸出足够的加工高度，保证符合加工深度要求。

5）刀具装夹，选择合适的加工刀具及合理的切削用量。

6）对刀，采用双边对刀法，确定工件坐标系。

（2）程序录入。

根据项目任务图纸要求，按不同数控系统的要求，完成"子程序零件（1）"图形程序录入编写并录入数控系统内。

（3）模拟加工。

按不同数控系统进行模拟加工，校验走刀轨迹是否与编程轮廓一致。

（4）单段方式加工。

初次加工时，为防止对刀或工件坐标系零点偏置有误，从程序运行开始就先进行单段加工。

（5）自动方式加工。

按不同数控系统选择自动加工方式，完成零件的粗精加工。在加工过程中，应根据零件加工要求，选择合适的切削用量，确保零件的加工质量。

（6）零件质量检测。

根据零件尺寸要求，利用刀具半径补偿功能，保证零件各尺寸精度要求。

（7）零件加工结束。

完成零件加工后，应去除零件毛刺，打扫、清理机床和周围设施，并做好机床保养等工作。

8.2 基础知识

8.2.1 子程序的定义

在一个加工程序中，如果其中有些加工内容完全相同或相似，为了简化程序，可以把这些重复的程序段单独列出，并按一定的格式编写成子程序，减少不必要的重复程序，从而达到简化程序的目的。主程序在执行过程中如果需要某一子程序，通过指令来调用该子程序，子程序执行完后又返回到主程序，继续执行后面的程序段。这时可以将这一部分程序段做成固定程序，并单独加工以命名，这个程序称为子程序。

8.2.2　子程序的应用

（1）零件上若干处具有相同的轮廓形状，在这种情况下，只要编写一个加工该轮廓形状的子程序，然后用主程序多次调用该子程序的方法完成对工件的加工。

（2）加工中反复出现具有相同轨迹的走刀路线，如果相同轨迹的走刀路线出现在某个加工区域或在这个区域的各个层面上，采用子程序编写加工程序比较方便，在程序中常用增量值确定切入深度。

（3）在加工较复杂的零件时，往往包含许多独立的工序，有时工序之间需要适当的调整，为了优化加工程序，把每一个独立的工序编成一个子程序，这样形成了模块式的程序结构，便于对加工顺序的调整，主程序中只有换刀和调用子程序等指令。

8.2.3　调用子程序指令 M98

1. 子程序的构成

O ××××；子程序号

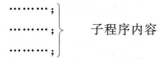

……… ；
……… ；　　　子程序内容
……… ；

M99；　　　　程序结束

在程序的开始，应该有一个由地址 O 指定的子程序号，在程序的结尾，返回主程序的指令 M99 是必不可少的。

M99 可以不必作为独立的程序段指令，如下所示：

例：G90 G00 X0 Y100 M99；

2. 调用子程序 M98 调用子程序指令格式

调用子程序 M98 调用子程序指令格式见表 8.1。

表 8.1　　　　　　　　　　FANUC 系统 M98 调用子程序指令格式

系　统	指　令　格　式	说　　　明
FANUC	M98 P ××× ×××× 　　调用次数 子程序号	P：表示子程序调用情况。P 后共有 7 位数字，前 3 位为调用次数，最多可执行 999 次，省略时关调用 1 次；后 4 位为所调用的子程序号
	M98 P×××× L××××	P：被调用的子程序号； L：被调用的次数，省略重复次数，则认为重复调用次数为 1 次

8.2.4　使用子程序的注意事项

（1）主程序中的模态 G 代码可被子程序中同一组的其他 G 代码所更改。

（2）最好不要在刀具补偿状态下的主程序中调用子程序，因为当子程序中连续出现二段以上非移动指令或非刀补平面轴运动指令时很容易出现过切等错误。

8.3 程序编制

根据项目任务图纸要求，现以 4 个 10mm 槽宽图形为例，把其中一个槽编为子程序，通过坐标系旋转和子程序调用完成 4 个槽加工，编制加工程序见表 8.2 和表 8.3。

表 8.2 编制加工程序（一）

程序段号	程 序	程 序 说 明
	O0002；	子程序号（Y 轴负方向位置槽为子程序）
N010	G90 G00 X0 Y-50；	绝对编程方式，子程序刀具定位到下刀点位置
N020	G01 Z-3 F50；	切削进给到 3mm 深度
N030	G41 G01 X5 Y-50 D01 F150；	建立刀具半径补偿，刀具补偿号为 01 号，进给速度为 150mm/min
N040	G01 X5 Y-20；	切削进给加工
N050	G03 X-5 Y-20 R5；	切削进给加工
N060	G01 X-5 Y-50；	切削进给加工
N070	G40 G01 X0 Y-50；	取消刀具半径补偿
N080	G00 Z10；	刀具快速抬高到安全高度 10mm 处
N090	M99；	子程序结束

表 8.3 编制加工程序（二）

程序段号	程 序	程 序 说 明
	O0001；	主程序名
N010	G90 G54 G40 G69 G00 Z100；	绝对编程方式，选择 G54 工件坐标系，取消刀具半径补偿，取消坐标系旋转，刀具快速抬高到初始高度 100mm 处
N020	M03 S1000；	主轴正转，转速为 1000r/min
N030	M08；	打开切削液
N040	G00 X0 Y0；	刀具快速定位到旋转中心位置
N050	Z5；	快速到达安全平面
N060	M98 P2；	调用子程序号为 O0002 的子程序 1 次
N070	G68 X0 Y0 R90；	以 X0 Y0 为旋转中心，逆时针旋转坐标系 90°
N080	M98 P2；	再次调用子程序号为 O0002 的子程序 1 次
N090	G68 X0 Y0 R180；	逆时针旋转坐标系 180°
N100	M98 P2；	再次调用子程序号为 O0002 的子程序 1 次
N110	G68 X0 Y0 R270；	逆时针旋转坐标系 270°
N120	M98 P2；	再次调用子程序号为 O0002 的子程序 1 次
N130	G69；	取消坐标系旋转
N140	G00 Z100；	刀具快速抬高到初始高度 100mm 处
N150	X0 Y100；	刀具快速退刀到 X0Y100 位置，退出工作台，便于观察加工情况
N160	M05；	主轴停止
N170	M09；	关闭切削液
N180	M30；	程序结束，并返回程序开始处

8.4 准备通知单

8.4.1 材料准备

毛坯：材料为 2A12 铝合金；尺寸：80mm×80mm×22mm。

8.4.2 刀具、工具、量具

根据项目任务要求，零件加工准备清单见表 8.4。

表 8.4 　　　　　　　　　　　　零 件 加 工 准 备 清 单

分类	名称	规格	数量	备注
刀具	立铣刀	$\phi16$、$\phi12$、$\phi8$	1 把	
	卡簧	$\phi16$、$\phi12$、$\phi8$	1 把	配相应刀柄
	面铣刀	$\phi100$ 或 $\phi50$	1 把	配相应刀柄
工具	等高块		1 套	
量具	普通游标卡尺	0～150mm	1 把	
	深度千分尺	0～25mm	1 把	
	内测千分尺	5～30mm	1 把	
		25～50mm	1 把	
	外径千分尺	50～75mm	1 把	
其他	计算器			自备
	工作服			自备
	护目镜			自备

8.5 考核标准

工作任务：子程序零件（1）

（1）操作技能考核总成绩表（表 8.5）。

表 8.5 　　　　　　　　　　　操作技能考核总成绩表

序号	项目名称	配分	得分	备注
1	现场操作规范	10		
2	工件质量	90		
合计		100		

（2）现场操作规范评分表（表 8.6）。

表 8.6　　　　　　　　　　　现场操作规范评分表

序号	项目	考核内容	配分	考场表现	得分
1	现场操作规范	正确使用机床	2		
2		正确使用量具	2		
3		合理使用刃具	2		
4		设备维护保养	4		
合计			10		

（3）工件质量评分表（表 8.7）。

表 8.7　　　　　　　　　　　工 件 质 量 评 分 表

序号	考核项目/mm	扣 分 标 准	配分	得分
1	$70_{-0.03}^{0}$（2 处）	每超差 0.02 扣 1 分	16	
2	$10_{0}^{+0.04}$（4 处）	每超差 0.02 扣 1 分	20	
3	3 ± 0.02	每超差 0.02 扣 1 分	7	
4	$3_{-0.03}^{0}$	每超差 0.02 扣 1 分	7	
5	$7_{0}^{+0.03}$	每超差 0.02 扣 1 分	7	
6	$\phi20\pm0.02$	每超差 0.02 扣 1 分	9	
7	$\phi40$	每超差 0.02 扣 1 分	5	
8	$\phi64$	每超差 0.02 扣 1 分	5	
9	R25	每超差 1 处扣 1.5 分	6	
10	表面粗糙度	加工部位 30% 不达要求扣 1 分，50% 不达要求扣 2 分，75% 不达要求扣 4 分，超过 75% 不达要求全扣	8	
合计			90	

8.6　知识拓展

1. FANUC 系统中，M98 指令是（　　）指令。

A. 主轴低速范围　　B. 调用子程序　　　C. 主轴高速范围　　D. 子程序结束

2. 辅助指令 M99 表示（　　）。

A. 调用下一个子程序　　　　　　B. 子程序返回主程序

C. 调用循环　　　　　　　　　　D. 关机

3. 子程序返回主程序的指令为（　　）。

A. P98　　　　　　B. M99　　　　　　C. M08　　　　　　D. M09

4. 区别子程序与主程序的标志是（　　）。

A. 程序名　　　　　B. 程序结束指令　　C. 程序长度　　　　D. 编程方法

5. FANUC 0I 数控系统中，在主程序中调用子程序 O1010，其正确的指令是（　　）。

A. M99 01010　　　B. M98 01010　　　C. M99 P1010　　　D. M98 P1010

8.7 技能拓展

根据零件图纸要求，完成子程序零件（2）的编程及加工。

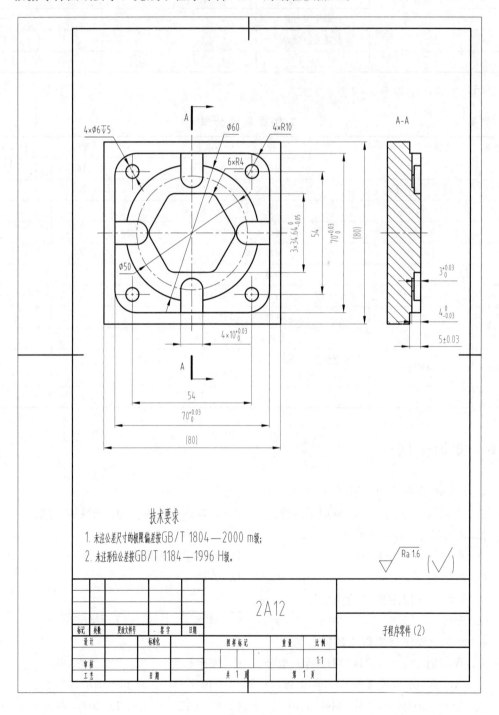

技能拓展任务：子程序零件（2）评分表

（1）操作技能考核总成绩表（表8.8）。

表8.8　　　　　　　　　　　操作技能考核总成绩表

序号	项目名称	配分	得分	备注
1	现场操作规范	10		
2	工件质量	90		
合计		100		

（2）现场操作规范评分表（表8.9）。

表8.9　　　　　　　　　　　现场操作规范评分表

序号	项目	考核内容	配分	考场表现	得分
1	现场操作规范	正确使用机床	2		
2		正确使用量具	2		
3		合理使用刀具	2		
4		设备维护保养	4		
合计			10		

（3）工件质量评分表（表8.10）。

表8.10　　　　　　　　　　　工件质量评分表

序号	考核项目/mm	扣　分　标　准	配分	得分
1	$70^{+0.03}_{0}$（2处）	每超差0.02扣1分	12	
2	$34.64^{0}_{-0.05}$（3处）	每超差0.02扣1分	16	
3	$10^{+0.03}_{0}$（4处）	每超差0.02扣1分	8	
4	$3^{+0.03}_{0}$	每超差0.02扣1分	9	
5	$4^{0}_{-0.03}$	每超差0.02扣1分	9	
6	5 ± 0.03	每超差0.02扣1分	9	
7	$\phi60$	每超差0.02扣1分	5	
8	R4	不成形不得分	4	
9	R10	不成形不得分	4	
10	$4\times\phi6$深5	不成形不得分	6	
11	表面粗糙度	加工部位30%不达要求扣1分，50%不达要求扣2分，75%不达要求扣4分，超过75%不达要求全扣	8	
合计			90	

项目任务 9
浅孔加工 G81 指令的运用

9.1 项目任务及教学标准

9.1.1 项目任务

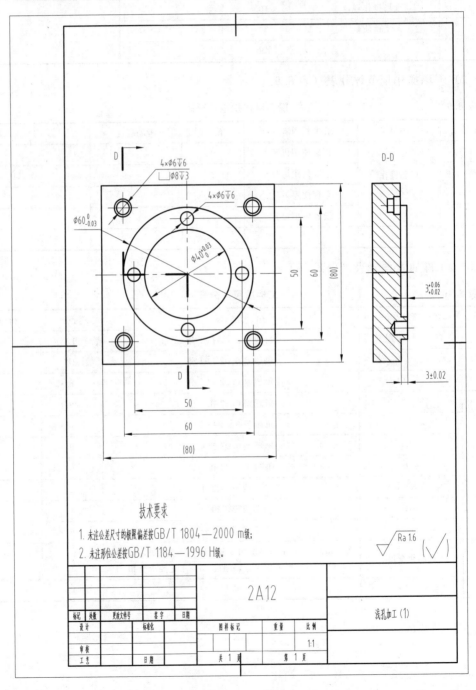

技术要求

1. 未注公差尺寸的极限偏差按GB/T 1804—2000 m级;

2. 未注形位公差按GB/T 1184—1996 H级。

9.1.2　教学标准

1. 知识目标

（1）掌握浅孔加工 G80、G81 指令的编程格式。

（2）掌握浅孔加工中固定循环在实际操作中的运用。

2. 技能目标

（1）会编制浅孔加工零件的加工程序。

（2）会制定零件的加工工艺并完成零件加工。

3. 实训技能点

（1）加工准备。

1）开机。

2）回机床参考点。

3）检查毛坯是否符合加工要求。

4）安装工件，工件安装时应伸出足够的加工高度，保证符合加工深度要求。

5）刀具装夹，选择合适的加工刀具及合理的切削用量。

6）对刀，采用双边对刀法，确定工件坐标系。

（2）程序录入。

根据项目任务图纸要求，按不同数控系统的要求，完成"浅孔加工（1）"图形程序录入编写并录入数控系统内。

（3）模拟加工。

按不同数控系统进行模拟加工，校验走刀轨迹是否与编程轮廓一致。

（4）单段方式加工。

初次加工时，为防止对刀或工件坐标系零点偏置有误，从程序运行开始就先进行单段加工。

（5）自动方式加工。

按不同数控系统选择自动加工方式，完成零件的粗精加工。在加工过程中，应根据零件加工要求，选择合适的切削用量，确保零件的加工质量。

（6）零件质量检测。

根据零件尺寸要求，利用刀具半径补偿功能，保证零件各尺寸精度要求。

（7）零件加工结束。

完成零件加工后，应去除零件毛刺，打扫、清理机床和周围设施，并做好机床保养等工作。

9.2　基础知识

9.2.1　浅孔加工的动作步骤

浅孔加工动作步骤如下：

动作 1：刀具从当前位置 A 点，X 轴和 Y 轴以快速进给速度定位到 B 点初始平面。

动作 2：刀具从初始平面 B 点以快速进给速度 Z 轴下刀定位到 R 点安全平面。

动作 3：刀具以切削进给的速度执行孔加工的动作到孔底平面 Z 点。

动作 4：在孔底作相应的动作。

动作 5：Z 轴返回到 R 点安全平面或快速返回到初始平面 B 点，固定循环功能中，刀具有两种返回方式，如图 9.1 所示。G98 方式是加工完后让刀具返回初始平面 B 点的位置；G99 方式是加工完后让刀具返回到安全平面 R 点的位置。

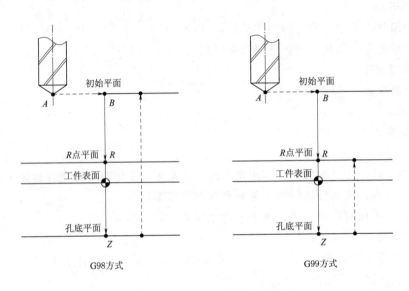

图 9.1　G81 浅孔加工动作示意图

9.2.2　平面说明

（1）初始平面：初始平面是为了安全下刀而规定的一个平面。

（2）R 点平面：R 点平面又称安全平面，这个平面是刀具下刀时从快速进给转为切削进给的高度平面。

（3）孔底平面：加工盲孔时孔底平面就是孔的加工深度，加工通孔时一般刀具还要伸出工件底平面一段距离。

9.2.3　浅孔加工指令格式

FANUC 系统 G81 浅孔加工指令格式见表 9.1。

表 9.1　　　　　　　　　　　　**FANUC 系统 G81 浅孔加工指令格式**

系　统	指　令　格　式	说　　　明
FANUC	G98 G81 X＿ Y＿ Z＿ R＿ F＿；	1）G98 为加工后刀具返回到初始平面，为缺省方式； 2）X、Y：孔的位置坐标； 　Z：孔的加工深度； 　R：安全平面的高度； 　F：切削进给速度（mm/min）
	G99 G81 X＿ Y＿ Z＿ R＿ F＿；	G99 为加工完后让刀具返回到安全平面 R 点的位置
	G80；	固定循环浅孔 G81 指令取消

9.2.4　G81指令应用注意事项

（1）该指令一般用于加工孔深小于5倍直径的浅孔。

（2）编程时可以采用绝对坐标G90和相对坐标G91编程，建议尽量采用绝对坐标编程。

9.3　程序编制

根据项目任务图纸要求，现以4个直径为6mm浅孔为例，孔距为50mm，有效深度为6mm的图形为例，编制加工程序见表9.2。

表9.2　编 制 加 工 程 序

程序段号	程　　序	程 序 说 明
	O0001；	孔加工图形程序名
N010	G90 G54 G80 G00 Z100；	绝对编程方式、选择G54工件坐标系，取消打孔指令，刀具快速抬高到初始平面100mm处
N020	M03 S600；	主轴正转，转速为600r/min
N030	M08；	打开切削液
N040	G98 G81 X25 Y0 Z－7.8 R5 F50	确定孔加工后返回初始表面，第一个孔位置坐标，加工深度为7.8mm（有效深度6mm加上麻花钻头部锥度长度），安全平面为5mm，孔切削进给速度为50mm/min
N050	X0 Y－25	第二个孔位置坐标
N060	X－25 Y0	第三个孔位置坐标
N070	X0 Y25	第四个孔位置坐标
N080	G80	取消浅孔加工循环指令
N090	G00 Z100；	刀具快速抬高到初始表面高度100mm处
N100	X0 Y100；	刀具快速退刀到X0Y100位置，退出工作台，便于观察加工情况
N110	M05；	主轴停止
N120	M09；	关闭切削液
N130	M30；	程序结束，并返回程序开始处

9.4　准备通知单

9.4.1　材料准备

毛坯：材料为2A12铝合金；尺寸：80mm×80mm×22mm。

9.4.2　刀具、工具、量具

根据项目任务要求，零件加工准备清单见表9.3。

表9.3 零件加工准备清单

分类	名称	规格	数量	备注
刀具	立铣刀	$\phi16$、$\phi12$、$\phi8$、$\phi6$	1把	
	卡簧	$\phi16$、$\phi12$、$\phi8$、$\phi6$	1把	配相应刀柄
	麻花钻	$\phi6$	1把	
	面铣刀	$\phi100$ 或 $\phi50$	1把	配相应刀柄
工具	等高块		1套	
	清洗油		若干	
量具	普通游标卡尺	0～150mm	1把	
	深度千分尺	0～25mm	1把	
	内测千分尺	5～30mm	1把	
		25～50mm	1把	
	外径千分尺	50～75mm	1把	
其他	计算器			自备
	工作服			自备
	护目镜			自备

9.5 考核标准

工作任务：浅孔加工（1）

（1）操作技能考核总成绩表（表9.4）。

表9.4 操作技能考核总成绩表

序号	项目名称	配分	得分	备注
1	现场操作规范	10		
2	工件质量	90		
合计		100		

（2）现场操作规范评分表（表9.5）。

表9.5 现场操作规范评分表

序号	项目	考核内容	配分	考场表现	得分
1	现场操作规范	正确使用机床	2		
2		正确使用量具	2		
3		合理使用刃具	2		
4		设备维护保养	4		
合计			10		

（3）工件质量评分表（表9.6）。

表 **9.6** 工 件 质 量 评 分 表

序号	考核项目/mm	扣 分 标 准	配分	得分
1	$\phi 60_{-0.03}^{0}$	每超差 0.02 扣 1 分	12	
2	$\phi 40_{0}^{+0.03}$	每超差 0.02 扣 1 分	12	
3	$3_{+0.02}^{+0.06}$	每超差 0.02 扣 1 分	12	
4	3 ± 0.02	每超差 0.02 扣 1 分	12	
5	60	不成形不得分	5	
6	50	不成形不得分	5	
7	$\phi 6$ 深 6（4 处）	不成形不得分	8	
8	$\phi 8$ 深 3（4 处）	不成形不得分	8	
9	$\phi 6$ 深 6（4 处）	不成形不得分	8	
10	表面粗糙度	加工部位 30% 不达要求扣 1 分，50% 不达要求扣 2 分，75% 不达要求扣 4 分，超过 75% 不达要求全扣	8	
合计			90	

9.6 知识拓展

1. 钻孔加工的一条固定循环指令至多可包含（　　）个基本步骤。

A. 5　　　　　　　　B. 4　　　　　　　　C. 6　　　　　　　　D. 3

2. 钻孔时钻头的（　　）会造成孔径偏大。

A. 横刃太短　　　　　　　　　　　　B. 两条主切削刃长度不相等

C. 后角太大　　　　　　　　　　　　D. 顶角太小

3. 以下叙述错误的是（　　）。

A. 钻头也可以用作扩孔　　　　　　　B. 扩孔通常安排在铰孔之后

C. 扩孔钻没有横刃　　　　　　　　　D. 扩孔的加工质量比钻孔高

4. 用直径为 d 的麻花钻钻孔，背吃刀量 a_p（　　）。

A. 等于 d　　　　　　　　　　　　B. 等于 $d/2$

C. 等于 $d/4$　　　　　　　　　　　D. 与钻头顶角大小有关

5. 进行孔类零件加工时，钻孔—扩孔—倒角—铰孔的方法适用于（　　）。

A. 小孔径的盲孔　　　　　　　　　　B. 高精度孔

C. 孔位置精度不高的中小孔　　　　　D. 大孔径的盲孔

9.7　技能拓展

根据零件图纸要求，完成浅孔加工（2）的编程及加工。

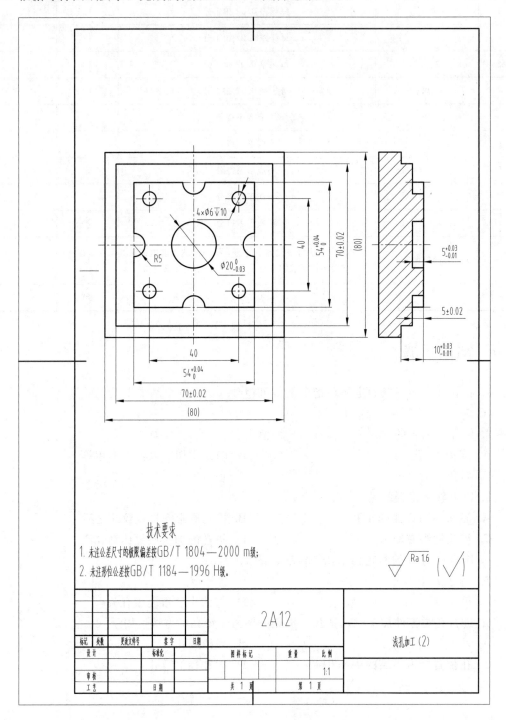

技术要求

1. 未注公差尺寸的极限偏差按 GB/T 1804—2000 m 级；

2. 未注形位公差按 GB/T 1184—1996 H 级。

$\sqrt{Ra\ 1.6}$ $(\sqrt{\ })$

					2A12				
									浅孔加工（2）
标记	处数	更改文件号	签字	日期					
设计		标准化			图样标记		重量	比例	
								1:1	
审核									
工艺		日期			共 1 页		第 1 页		

技能拓展任务：浅孔加工（2）

（1）操作技能考核总成绩表（表9.7）。

表9.7　　　　　　　　　　操作技能考核总成绩表

序号	项目名称	配分	得分	备注
1	现场操作规范	10		
2	工件质量	90		
合计		100		

（2）现场操作规范评分表（表9.8）。

表9.8　　　　　　　　　　现场操作规范评分表

序号	项目	考核内容	配分	考场表现	得分
1	现场操作规范	正确使用机床	2		
2		正确使用量具	2		
3		合理使用刃具	2		
4		设备维护保养	4		
合计			10		

（3）工件质量评分表（表9.9）。

表9.9　　　　　　　　　　工 件 质 量 评 分 表

序号	考核项目/mm	扣　分　标　准	配分	得分
1	70 ± 0.02（2处）	每超差0.02扣1分	18	
2	$54^{+0.04}_{0}$（2处）	每超差0.02扣1分	12	
3	$\phi20^{0}_{-0.03}$	每超差0.02扣1分	12	
4	$5^{+0.03}_{-0.01}$	每超差0.02扣1分	8	
5	$10^{+0.03}_{-0.01}$	每超差0.02扣1分	8	
6	5 ± 0.02	每超差0.02扣1分	8	
7	40	每超差0.05扣1分	4	
8	$\phi6$深10（4处）	不成形不得分	8	
9	R5	不成形不得分	4	
10	表面粗糙度	加工部位30%不达要求扣1分，50%不达要求扣2分，75%不达要求扣4分，超过75%不达要求全扣	8	
合计			90	

项目任务 10
深孔加工 G83 指令的运用

10.1 项目任务及教学标准

10.1.1 项目任务

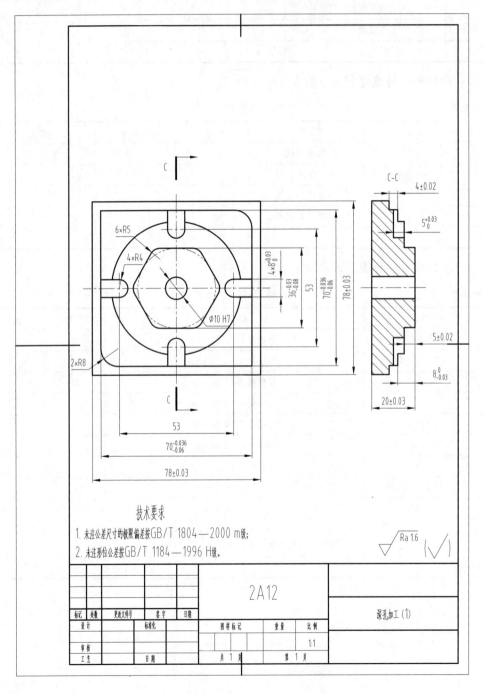

技术要求

1. 未注公差尺寸的极限偏差按GB/T 1804—2000 m级;
2. 未注形位公差按GB/T 1184—1996 H级。

$\sqrt{Ra\ 1.6}$ $(\sqrt{})$

标记	处数	更改文件号	签字	日期	2A12			深孔加工(1)	
设计		标准化			图样标记		重量	比例	
审核								1:1	
工艺		日期			共 1 张		第 1 页		

10.1.2 教学标准

1. 知识目标

（1）掌握深孔加工 G80、G83 指令的编程格式。

（2）掌握孔加工中固定循环的定义平面。

2. 技能目标

（1）会编制深孔加工零件的加工程序。

（2）会制定工件的加工工艺，完成零件加工。

3. 实训技能点

（1）加工准备。

1）开机。

2）回机床参考点。

3）检查毛坯是否符合加工要求。

4）安装工件，工件安装时应伸出足够的加工高度，保证符合加工深度要求。

5）刀具装夹，选择合适的加工刀具及合理的切削用量。

6）对刀，采用双边对刀法，确定工件坐标系。

（2）程序录入。

根据项目任务图纸要求，按不同数控系统的要求，完成"深孔加工（1）"图形程序录入编写并录入数控系统内。

（3）模拟加工。

按不同数控系统进行模拟加工，校验走刀轨迹是否与编程轮廓一致。

（4）单段方式加工。

初次加工时，为防止对刀或工件坐标系零点偏置有误，从程序运行开始就先进行单段加工。

（5）自动方式加工。

按不同数控系统选择自动加工方式，完成零件的粗精加工。在加工过程中，应根据零件加工要求，选择合适的切削用量，确保零件的加工质量。

（6）零件质量检测。

根据零件尺寸要求，利用刀具半径补偿功能，保证零件各尺寸精度要求。

（7）零件加工结束。

完成零件加工后，应去除零件毛刺，打扫、清理机床和周围设施，并做好机床保养等工作。

10.2 基础知识

10.2.1 深孔加工工艺及应用场景

深孔加工是指孔的加工深度与孔的直径比大于 5 的孔，加工深孔时孔为半封闭，其难度是断屑、排屑难，导热差、冷却润滑不易，还会出现刚性差、易抖动、震动、变形折断等情况。这类加工工艺具有较高的难度。G83 深孔循环编程适用于各种批量生产的深孔零件，如汽车零件、航空航天零件等。

10.2.2　深孔加工的动作步骤

深孔加工动作是通过 Z 轴方向的间断进给，即采用啄式钻孔的方式实现断屑与排屑，如图 10.1 所示。

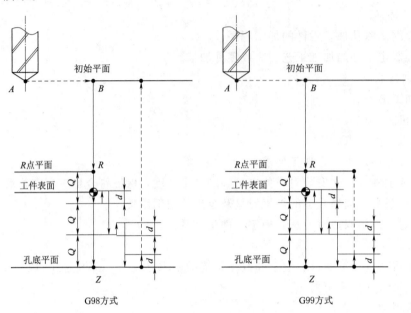

图 10.1　G83 深孔加工动作示意图

深孔加工动作骤如下：

动作 1：刀具从当前位置 A 点，X 轴和 Y 轴以快速进给速度定位到 B 点初始平面。

动作 2：刀具从初始平面 B 点以快速进给速度 Z 轴下刀定位到 R 点安全平面。

动作 3：刀具以切削进给的速度执行孔加工的动作，每一次加工深度为 Q，每加工一次 Q 深度后刀具抬高到 R 点安全平面，再快速定位到离上次加工深度 d 的高度（d 值高度为系统参数设置），重复执行这一动作，直到到达孔底平面 Z 点。

动作 4：在孔底相应的动作。

动作 5：返回到 R 点安全平面或快速返回到初始平面 B 点，固定循环功能中，刀具有两种返回方式，如图 10.1 所示。G98 方式是加工完后让刀具返回初始平面 B 点的位置，G99 方式是加工完后让刀具返回到安全平面 R 点的位置。

10.2.3　深孔加工指令格式

G83 深孔加工指令格式见表 10.1。

表 10.1　　　　　　　　　　　G83 深孔加工指令格式

系统	指令格式	说明
FANUC	G98 G83 X__ Y__ Z__ R__ Q__ K__ P__ F__;	1）G98 为加工后刀具返回到初始平面，为缺省方式； 2）X、Y：孔的位置坐标； 　　Z：孔的加工深度； 　　R：安全平面的高度；

系统	指 令 格 式	说　明
FANUC	G98 G83 X__ Y__ Z__ R__ Q__ K__ P__ F__;	Q：每一次的加工深度； K：固定循环次数； P：孔底暂停时间； F：切削进给速度（mm/min）
	G99 G83 X__ Y__ Z__ R__ Q__ K__ P__ F__;	G99 为加工完后让刀具返回到安全平面 R 点的位置
	G80;	固定循环深孔 G83 指令取消

10.3　程序编制

根据项目任务图纸要求，现以 ϕ10H7 通孔为例，先加工底孔 ϕ9.8 孔，编制加工程序见表 10.2。

表 10.2　　　　　　　　　　编 制 加 工 程 序

程序段号	程　　序	程 序 说 明
	O0001;	孔加工图形程序名
N010	G90 G54 G80 G00 Z100;	绝对编程方式、选择 G54 工件坐标系，取消打孔指令，刀具快速抬高到初始表面 100mm 处
N020	M03 S600;	主轴正转，转速为 600r/min
N030	M08;	打开切削液
N040	G99 G83 X0 Y0 Z−25 R5 Q3 F50;	确定打孔位置和深度，设置打孔切削速度，每一次的加工深度为 3mm，加工次数为 1 次，孔底不暂停
N050	G80;	取消 G83 打孔指令
N060	G00 Z100;	刀具快速抬高到初始表面 100mm 处
N070	X0 Y100;	刀具快速退刀到 X0Y100 位置，退出工作台，便于观察加工情况
N080	M05;	主轴停止
N090	M09;	关闭切削液
N100	M30;	程序结束，并返回程序开始处

10.4　准备通知单

10.4.1　材料准备

毛坯：材料为 2A12 铝合金；尺寸：80mm×80mm×22mm。

10.4.2　刀具、工具、量具

根据项目任务要求，零件加工准备清单见表 10.3。

零件加工准备清单

分类	名称	规格	数量	备注
刀具	立铣刀	$\phi16$、$\phi12$、$\phi8$、$\phi6$	1 把	
	麻花钻	$\phi9.8$、$\phi6$	1 把	
	铰刀	$\phi10$	1 把	
	卡簧	$\phi16$、$\phi12$、$\phi10$、$\phi8$、$\phi6$	1 把	配相应刀柄
	面铣刀	$\phi100$ 或 $\phi50$	1 把	配相应刀柄
工具	等高块		1 套	
	清洗油		若干	
量具	普通游标卡尺	0～150mm	1 把	
	深度千分尺	0～25mm	1 把	
	内测千分尺	5～30mm	1 把	
		25～50mm	1 把	
	外径千分尺	50～75mm	1 把	
其他	计算器			自备
	工作服			自备
	护目镜			自备

10.5 考核标准

工作任务：深孔加工（1）

（1）操作技能考核总成绩表（表 10.4）。

表 10.4 **操作技能考核总成绩表**

序号	项目名称	配分	得分	备注
1	现场操作规范	10		
2	工件质量	90		
合计		100		

（2）现场操作规范评分表（表 10.5）。

表 10.5 **现场操作规范评分表**

序号	项目	考核内容	配分	考场表现	得分
1	现场操作规范	正确使用机床	2		
2		正确使用量具	2		
3		合理使用刀具	2		
4		设备维护保养	4		
合计			10		

（3）工件质量评分表（表 10.6）。

表 10.6　　　　　　　　　　工 件 质 量 评 分 表

序号	考核项目/mm	扣 分 标 准	配分	得分
1	78 ± 0.03（2 处）	每超差 0.02 扣 1 分	10	
2	$70_{-0.06}^{-0.036}$（2 处）	每超差 0.02 扣 1 分	10	
3	$36_{-0.08}^{-0.03}$（3 处）	每超差 0.02 扣 1 分	9	
4	$8_{0}^{+0.03}$（4 处）	每超差 0.02 扣 1 分	8	
5	4 ± 0.02	每超差 0.02 扣 1 分	6	
6	$5_{0}^{+0.03}$	每超差 0.02 扣 1 分	6	
7	5 ± 0.02	每超差 0.02 扣 1 分	6	
8	$8_{-0.03}^{0}$	每超差 0.02 扣 1 分	6	
9	20 ± 0.03	每超差 0.02 扣 1 分	6	
10	$\phi10$ 深 7	不成形不得分	4	
11	53	每超差 0.05 扣 1 分	3	
12	$6\times R5$	不成形不得分	3	
13	$4\times R4$	不成形不得分	3	
14	$2\times R8$	不成形不得分	2	
15	表面粗糙度	加工部位 30％不达要求扣 1 分，50％不达要求扣 2 分，75％不达要求扣 4 分，超过 75％不达要求全扣	8	
合计			90	

10.6　知识拓展

1. 钻镗循环深孔加工时需采用间歇进给的方法，每次提刀退回安全平面的应是（　　）。

A. G73　　　　　　B. G83　　　　　　C. G74　　　　　　D. G84

2. 精度要求不高的深孔加工，最常用的方法是（　　）。

A. 钻孔　　　　　　B. 扩孔　　　　　　C. 镗孔　　　　　　D. 铣孔

3. 以下叙述错误的是（　　）。

A. 钻头也可以用作扩孔　　　　　　B. 扩孔通常安排在铰孔之后

C. 扩孔钻没有横刃　　　　　　　　D. 扩孔的加工质量比钻孔高

4. 钻孔时钻头的（　　）会造成孔径偏大。

A. 横刃太短　　　　　　　　　　　B. 两条主切削刃长度不相等

C. 后角太大　　　　　　　　　　　D. 顶角太小

5. 钻头钻孔一般属于（　　）。

A. 精加工　　　　　　　　　　　　B. 半精加工

C. 粗加工　　　　　　　　　　　　D. 半精加工和精加工

10.7 技能拓展

根据零件图纸要求，完成深孔加工（2）的编程及加工。

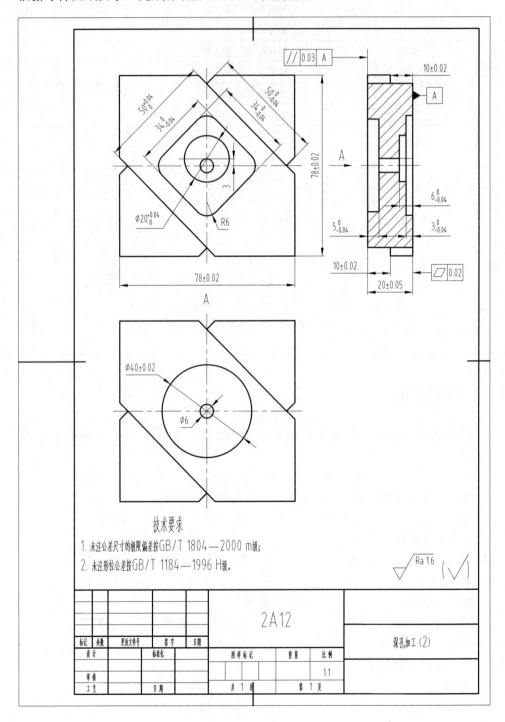

技能拓展任务：深孔加工（2）

（1）操作技能考核总成绩表（表10.7）。

表 10.7　　　　　　　　　操作技能考核总成绩表

序号	项目名称	配分	得分	备注
1	现场操作规范	10		
2	工件质量	90		
合计		100		

（2）现场操作规范评分表（表10.8）。

表 10.8　　　　　　　　　现场操作规范评分表

序号	项目	考核内容	配分	考场表现	得分
1	现场操作规范	正确使用机床	2		
2		正确使用量具	2		
3		合理使用刃具	2		
4		设备维护保养	4		
合计			10		

（3）工件质量评分表（表10.9）。

表 10.9　　　　　　　　　工 件 质 量 评 分 表

序号	考核项目/mm	扣 分 标 准	配分	得分
1	78±0.02（2处）	每超差0.02扣1分	8	
2	$50^{+0.04}_{0}$	每超差0.02扣1分	6	
3	$34^{0}_{-0.04}$（2处）	每超差0.02扣1分	8	
4	$\phi20^{+0.04}_{0}$	每超差0.02扣1分	6	
5	$50^{0}_{-0.04}$	每超差0.02扣1分	6	
6	$\phi40±0.02$	每超差0.02扣1分	6	
7	20±0.05	每超差0.02扣1分	6	
8	$6^{0}_{-0.04}$	每超差0.02扣1分	6	
9	$3^{0}_{-0.04}$	每超差0.02扣1分	6	
10	10±0.02（2处）	每超差0.02扣1分	8	
11	$5^{0}_{-0.04}$	每超差0.02扣1分	6	
12	3	每超差0.05扣1分	3	
13	R6	不成形不得分	2	
14	$\phi6$	不成形不得分	3	
15	平行度0.03	每超差0.02处扣1分	2	
16	平面度0.02	每超差0.02处扣1分	2	
17	表面粗糙度	加工部位30%不达要求扣1分，50%不达要求扣2分，75%不达要求扣4分，超过75%不达要求全扣	6	
合计			90	

项目任务 11
倒角、圆角指令的运用

11.1 项目任务及教学标准

11.1.1 项目任务

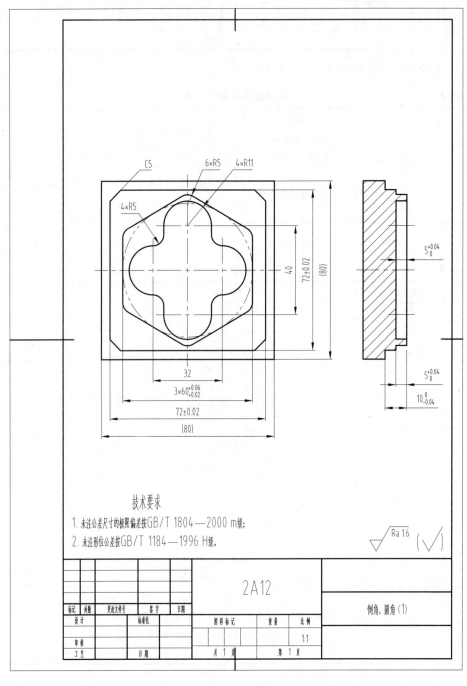

技术要求

1. 未注公差尺寸的极限偏差按GB/T 1804—2000 m级;

2. 未注形位公差按GB/T 1184—1996 H级。

11.1.2 教学标准

1. 知识目标

掌握数控铣床倒角、圆角指令格式。

2. 技能目标

（1）会编写倒角、圆角的零件加工程序。

（2）会合理利用倒角、圆角功能，完成零件的加工。

3. 实训技能点

（1）加工准备。

1）开机。

2）回机床参考点。

3）检查毛坯是否符合加工要求。

4）安装工件，工件安装时应伸出足够的加工高度，保证符合加工深度要求。

5）刀具装夹，选择合适的加工刀具及合理的切削用量。

6）对刀，采用双边对刀法，确定工件坐标系。

（2）程序录入。

根据项目任务图纸要求，按不同数控系统的要求，完成"倒角、圆角（1）"图形程序录入编写并录入数控系统内。

（3）模拟加工。

按不同数控系统进行模拟加工，校验走刀轨迹是否与编程轮廓一致。

（4）单段方式加工。

初次加工时，为防止对刀或工件坐标系零点偏置有误，从程序运行开始就先进行单段加工。

（5）自动方式加工。

按不同数控系统选择自动加工方式，完成零件的粗精加工。在加工过程中，应根据零件加工要求，选择合适的切削用量，确保零件的加工质量。

（6）零件质量检测。

根据零件尺寸要求，利用刀具半径补偿功能，保证零件各尺寸精度要求。

（7）零件加工结束。

完成零件加工后，应去除零件毛刺，打扫、清理机床和周围设施，并做好机床保养等工作。

11.2　基础知识

11.2.1　倒角、圆角指令运用的概念

在数控加工过程中，有些零件为了某种需要往往会在轮廓处设计倒圆或倒角，而用常用的基本指令编程，会涉及相应的节点计算，也增加编程工作量。在数控铣削倒角和圆角的时，如果我们使用倒角功能，可以简化程序，不但能够减少编程工作量，还能够减少使用数控加工中心出错的概率。

11.2.2 倒角、圆角指令格式

FANUC 系统倒角、圆角格式见表 11.1。

表 11.1　　　　　　　　　　　　　FANUC 系统倒角、圆角格式

系统	指令格式	说明	
直线插补后倒角、圆角	G17 G01 X＿Y＿, C＿F＿;	1）X、Y 为两直线的交点 G 点坐标位置； 2），C 为倒角长度	 直线插补后倒角
	G17 G01 X＿Y＿, R＿F＿;	1）X、Y 为两直线的交点 G 点坐标位置； 2），R 为圆角半径	 直线插补后圆角
圆弧插补后倒角、圆角	G17 G02/G03X＿Y＿R，C＿F＿;	1）X、Y 为圆弧和直线的交点 G 点坐标位置； 2）R 为圆弧半径； 3）C 为倒角长度	 圆弧插补后倒角
	G17 G02/G03 X＿Y＿R，R＿F＿;	1）X、Y 为圆弧和直线的交点 G 点坐标位置； 2）R 为圆弧半径； 3），R 为圆角半径	 圆弧插补后圆角

指令使用说明：

（1）在相邻的两段轮廓线段间有圆角或倒角时，编程时可以按照没有倒角或圆角编程，第一条直线只需编程至交点，并在第一段程序末尾加上"，C"或"，R"进行倒角或圆角，而第二段直线仍按原状编程即可。

（2）只能在同一个平面内移动才能执行倒角或圆角指令。

（3）不能进行任意角度倒角。

11.3　程序编制

根据项目任务图纸要求，现以倒角正方形图形为例，编制加工程序见表 11.2。

表 11.2　　　　　　　　　　　　**编 制 加 工 程 序**

程序段号	程　　序	程 序 说 明
	O0001；	倒角正方形图形程序名
N010	G90 G54G40 G00 Z100；	绝对编程方式、选择 G54 工件坐标系，取消刀具半径补偿值，刀具快速抬高到初始平面 100mm 处
N020	M03 S1000；	主轴正转，转速为 1000r/min
N030	M08；	打开切削液
N040	G00 X−51 Y0；	刀具快速定位定位点位置
N050	Z5；	快速到达安全平面
N060	G01 Z−10 F20；	切削进给到 10mm 深度
N070	G41 G01 X−51 Y−15 D01 F200；	建立刀具半径补偿直线段
N080	G03 X−36 Y0 R15；	圆弧切入到轮廓半径 15mm
N090	G01 X−36 Y36，C5	切削进给到正方形 X−36 Y36 交点处，并进行倒角，倒角长度为 5mm
N100	X36 Y36，C5；	切削进给到正方形 X36 Y36 交点处，并进行倒角，倒角长度为 5mm
N110	X36 Y−36，C5；	切削进给到正方形 X36 Y−36 交点处，并进行倒角，倒角长度为 5mm
N120	X−36 Y−36，C5；	切削进给到正方形 X−36 Y−36 交点处，并进行倒角，倒角长度为 5mm
N130	X−35 Y0；	切削进给到轮廓起始点
N140	G03 X−51 Y15 R15；	圆弧切出半径 15mm
N150	G40 X−51 Y0；	取消刀具半径补偿
N160	G00 Z100；	刀具快速抬高到初始平面 100mm 处
N170	X0 Y100；	刀具快速退刀到 X0 Y100 位置，退出工作台，便于观察加工情况
N180	M05；	主轴停止
N190	M09；	关闭切削液
N200	M30；	程序结束，并返回程序开始处

11.4　准备通知单

11.4.1　材料准备

毛坯：材料为 2A12 铝合金；尺寸：80mm×80mm×22mm。

11.4.2　刀具、工具、量具

根据项目任务要求，零件加工准备清单见表 11.3。

表 11.3 零件加工准备清单

分类	名称	规格	数量	备注
刀具	立铣刀	$\phi16$、$\phi12$	1把	
	卡簧	$\phi16$、$\phi12$	1把	配相应刀柄
	面铣刀	$\phi100$ 或 $\phi50$	1把	配相应刀柄
工具	等高块		1套	
	清洗油		若干	
量具	普通游标卡尺	0～150mm	1把	
	深度千分尺	0～25mm	1把	
	内测千分尺	5～30mm	1把	
		25～50mm	1把	
	外径千分尺	50～75mm	1把	
其他	计算器			自备
	工作服			自备
	护目镜			自备

11.5 考核标准

工作任务：倒角、圆角（1）

（1）操作技能考核总成绩表（表 11.4）。

表 11.4 操作技能考核总成绩表

序号	项目名称	配分	得分	备注
1	现场操作规范	10		
2	工件质量	90		
合计		100		

（2）现场操作规范评分表（表 11.5）。

表 11.5 现场操作规范评分表

序号	项目	考核内容	配分	考场表现	得分
1	现场操作规范	正确使用机床	2		
2		正确使用量具	2		
3		合理使用刀具	2		
4		设备维护保养	4		
合计			10		

（3）工件质量评分表（表 11.6）。

表 11.6 　　　　　　　　　　　**工 件 质 量 评 分 表**

序号	考核项目/mm	扣 分 标 准	配分	得分
1	72±0.02（2 处）	每处每超差 0.02 扣 1 分	16	
2	$60^{+0.06}_{+0.02}$（3 处）	每处每超差 0.02 扣 1 分	15	
3	$10^{0}_{-0.04}$	每处每超差 0.02 扣 1 分	8	
4	$5^{+0.04}_{0}$（2 处）	每处每超差 0.02 扣 1 分	16	
5	R11	不成形不得分	10	
6	40	每超差 0.05 扣 1 分	3	
7	32	每超差 0.05 扣 1 分	3	
8	C5	不成形不得分	4	
9	R5	不成形不得分	6	
10	表面粗糙度	加工部位 30% 不达要求扣 1 分，50% 不达要求扣 2 分，75% 不达要求扣 4 分，超过 75% 不达要求全扣	9	
合计			90	

11.6　知识拓展

1. G21 指令表示程序中尺寸字的单位为（　　）。

A. m　　　　　　　　　　　　B. 英寸

C. mm　　　　　　　　　　　D. μm

2. G00 指令与下列的（　　）指令不是同一组的。

A. G01　　　　　　　　　　　B. G02

C. G04　　　　　　　　　　　D. G03

3. 在 G17 平面内逆时针铣削整圆的程序段为（　　）。

A. G03 R __　　　　　　　　　B. G03 I __

C. G03 X __ Y __ Z __ R __　　D. G03 X __ Y __ Z __ K __

4. 暂停指令 G04 用于中断进给，中断时间的长短可以通过地址 X（U）或（　　）来指定。

A. T　　　　　　　　　　　　B. P

C. O　　　　　　　　　　　　D. V

5. 在程序中指定 G41 或 G42 功能建立刀补时需与（　　）插补指令同时指定。

A. G00 或 G01　　　　　　　　B. G02 或 G03

C. G01 或 G03　　　　　　　　D. G01 或 G02

11.7 技能拓展

根据零件图纸要求，完成倒角、圆角（2）的编程及加工。

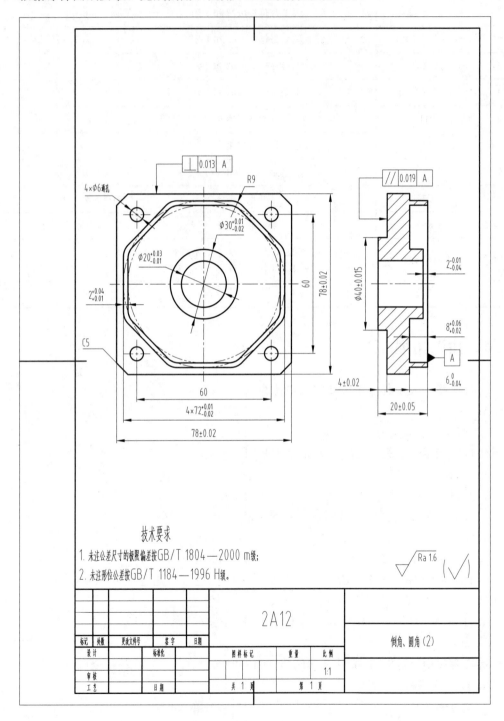

技能拓展任务：倒角、圆角（2）

（1）操作技能考核总成绩表（表11.7）。

表11.7　　　　　　　　　　操作技能考核总成绩表

序号	项目名称	配分	得分	备注
1	现场操作规范	10		
2	工件质量	90		
合计		100		

（2）现场操作规范评分表（表11.8）。

表11.8　　　　　　　　　　现场操作规范评分表

序号	项目	考核内容	配分	考场表现	得分
1	现场操作规范	正确使用机床	2		
2		正确使用量具	2		
3		合理使用刃具	2		
4		设备维护保养	4		
合计			10		

（3）工件质量评分表（表11.9）。

表11.9　　　　　　　　　　工　件　质　量　评　分　表

序号	考核项目/mm	扣　分　标　准	配分	得分
1	78±0.02（2处）	每处每超差0.02扣1分	10	
2	$72^{+0.01}_{-0.02}$（4处）	每处每超差0.02扣1分	12	
3	$\phi20^{+0.03}_{-0.01}$	每超差0.02扣1分	5	
4	$\phi30^{+0.01}_{-0.02}$	每超差0.02扣1分	5	
5	$2^{+0.04}_{+0.01}$	每超差0.02扣1分	8	
6	$\phi40±0.015$	每超差0.02扣1分	5	
7	20±0.05	每超差0.01处扣2分	5	
8	4±0.02	每超差0.01处扣1分	5	
9	$2^{-0.01}_{-0.04}$	每超差0.01处扣1分	5	
10	$8^{+0.06}_{+0.02}$	每超差0.01处扣1分	5	
11	$6^{0}_{-0.04}$	每超差0.01处扣1分	5	
12	60	每超差0.05处扣1分	2	
13	$\phi6$通孔（4处）	不成形不得分	2	
14	C5	不成形不得分	2	
15	R9	不成形不得分	4	
16	形位公差	每超差0.02处扣1分	4	
17	表面粗糙度	加工部位30%不达要求扣1分，50%不达要求扣2分，75%不达要求扣4分，超过75%不达要求全扣	6	
合计			90	

项目任务 12
刀具长度补偿的运用

12.1 项目任务及教学标准

12.1.1 项目任务

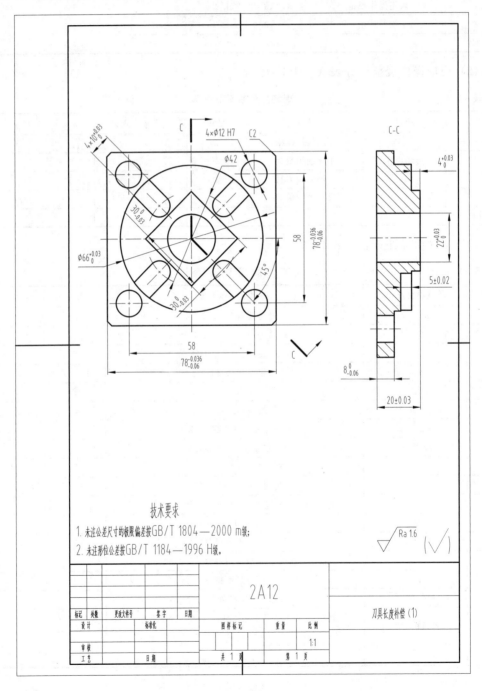

技术要求

1. 未注公差尺寸的极限偏差按GB/T 1804—2000 m级;

2. 未注形位公差按GB/T 1184—1996 H级。

12.1.2　教学标准

1. 知识目标

（1）掌握数控铣床刀具长度补偿 G43、G44、G49 的编程格式。

（2）掌握数控铣床刀具长度补偿的编程方法。

2. 技能目标

（1）会利用刀具半径补偿、刀具长径补偿功能使用方法编制零件的加工程序。

（2）会制定工件的加工工艺，完成零件的粗、精加工。

3. 实训技能点

（1）加工准备。

1）开机。

2）回机床参考点。

3）检查毛坯是否符合加工要求。

4）安装工件，工件安装时应伸出足够的加工高度，保证符合加工深度要求。

5）刀具装夹，选择合适的加工刀具及合理的切削用量。

6）对刀，采用双边对刀法，确定工件坐标系。

（2）程序录入。

根据项目任务图纸要求，按不同数控系统的要求，完成"刀具长度补偿（1）"图形程序录入编写并录入数控系统内。

（3）模拟加工。

按不同数控系统进行模拟加工，校验走刀轨迹是否与编程轮廓一致。

（4）单段方式加工。

初次加工时，为防止对刀或工件坐标系零点偏置有误，从程序运行开始就先进行单段加工。

（5）自动方式加工。

按不同数控系统选择自动加工方式，完成零件的粗精加工。在加工过程中，应根据零件加工要求，选择合适的切削用量，确保零件的加工质量。

（6）零件质量检测。

根据零件尺寸要求，利用刀具半径补偿功能，保证零件各尺寸精度要求。

（7）零件加工结束。

完成零件加工后，应去除零件毛刺，打扫、清理机床和周围设施，并做好机床保养等工作。

12.2　基础知识

12.2.1　刀具长度补偿的概念

通常加工一个工件都需要多把刀具才能完成。因每把刀具的长度都各不相同，所以每换一把刀具都需重新对刀（Z 轴）才能再加工，那么加工效率及自动化程度都将会下降。因此，如果通过事先测量每个刀具与标准刀具长度之差，即刀具沿轴向的位移量增加或减少一定量，将这位移量提前设置在数控系统内，那么即使在换刀后，也可不必重新对刀或改变程序就能直接进行加工。此功能称为刀具长度补偿。

12.2.2 刀具长度补偿的格式

FANUC 系统 G43、G44 刀具长度补偿指令格式见表 12.1。

表 12.1　　　　　　　　FANUC 系统 G43、G44 刀具长度补偿指令格式

系统	指　令　格　式	说　　　明
FANUC	$\begin{Bmatrix} G43 \\ G44 \end{Bmatrix} \begin{Bmatrix} G00 \\ G01 \end{Bmatrix}$ Z_H_ 　　　　　Z_H_F_ G49 $\begin{Bmatrix} G00 \\ G01 \end{Bmatrix}$ Z_ 　　　　Z_F_	1) G43 为刀具长度正补偿; 2) G44 为刀具长度负补偿; 3) H 为刀具长度补偿地址号; 4) G49 为取消刀具长度补偿

注 H 为刀补号地址,用 H00～H99 来制定,它用来调用内存中刀具长度补偿的数值。G43、G44、G49 均为模态指令,可相互注销。

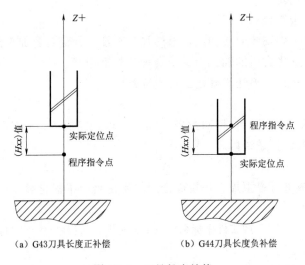

(a) G43刀具长度正补偿　　　　(b) G44刀具长度负补偿

图 12.1　刀具长度补偿

如图 12.1 所示,执行 G43 时,Z 实际值＝Z 指令值＋(Hxx);执行 G44 时,Z 实际值＝Z 指令值－(Hxx)。

其中 (Hxx) 是指 H00～H99 刀具长度补偿地址号中的补偿值,其值可以是正值或者是负值。当刀具长度补偿量取负值时,G43 和 G44 的功能将互换。

12.3　程序编制

根据项目任务图纸要求,现以 $\phi66$ 圆图形为例,编制加工程序见表 12.2。

表 12.2　　　　　　　　　　　编　制　加　工　程　序

程序段号	程　　序	程　序　说　明
	O0001;	$\phi66$ 圆图形程序名
N010	G90 G54 G40 G49 G00 Z100;	绝对编程方式、选择 G54 工件坐标系,取消刀具半径、长度补偿,刀具快速定位到初始表面

续表

程序段号	程 序	程 序 说 明
N020	M03 S800;	主轴正转，转速为 800r/min
N030	M08;	打开切削液
N040	G00 X－53 Y0;	刀具快速定位下刀点位置
N050	G43 G00 Z100 H01	建立刀具长度正补偿，补偿地址为 01 号
N060	Z5;	快速到达安全平面
N070	G01 Z－9 F20;	切削进给到9mm深度
N080	G41 G01 X－53 Y－20 D01 F200;	建立刀具左补偿
N090	G03 X－33 Y0 R20	半径 20mm 圆弧切入
N100	G02 X－33 Y0 I33 J0;	圆心坐标编程切削
N110	G03 X－53 Y20 R20;	半径 20mm 圆弧切出
N120	G40 G01 X－50 Y0;	取消刀具补偿
N130	G49 G00 Z100;	取消刀具长度补偿，刀具快速抬高到初始高度100mm 处
N140	X0 Y100;	刀具快速退刀到X0Y100位置，退出工作台，便于观察加工情况
N150	M05;	主轴停止
N160	M09;	关闭切削液
N170	M30;	程序结束，并返回程序开始处

12.4 准备通知单

12.4.1 材料准备

毛坯：材料为 2A12 铝合金；尺寸：80mm×80mm×22mm。

12.4.2 刀具、工具、量具

根据项目任务要求，零件加工准备清单见表 12.3。

表 12.3　　　　　　　　**零件加工准备清单**

分类	名称	规格	数量	备注
刀具	立铣刀	ϕ16、ϕ12、ϕ8	1 把	
	麻花钻	ϕ9.8	1 把	
	机用铰刀	ϕ10	1 把	
	卡簧	ϕ16、ϕ12、ϕ10、ϕ8	1 把	配相应刀柄
	面铣刀	ϕ100 或 ϕ50	1 把	配相应刀柄
工具	等高块		1 套	

续表

分类	名称	规格	数量	备注
量具	普通游标卡尺	0～150mm	1把	
	深度千分尺	0～25mm	1把	
	内测千分尺	5～30mm	1把	
		25～50mm	1把	
	外径千分尺	50～75mm	1把	
其他	计算器			自备
	工作服			自备
	护目镜			自备

12.5 考核标准

工作任务：刀具长度补偿（1）

（1）操作技能考核总成绩表（表12.4）。

表 12.4 　　　　　　　　　　操作技能考核总成绩表

序号	项目名称	配分	得分	备注
1	现场操作规范	10		
2	工件质量	90		
合计		100		

（2）现场操作规范评分表（表12.5）。

表 12.5 　　　　　　　　　　现场操作规范评分表

序号	项目	考核内容	配分	考场表现	得分
1	现场操作规范	正确使用机床	2		
2		正确使用量具	2		
3		合理使用刀具	2		
4		设备维护保养	4		
合计			10		

（3）工件质量评分表（表12.6）。

表 12.6 　　　　　　　　　　工 件 质 量 评 分 表

序号	考核项目/mm	扣 分 标 准	配分	得分
1	$78_{-0.06}^{-0.036}$（2处）	每超差0.02扣1分	10	
2	$\phi 66_{0}^{+0.03}$	每超差0.02扣1分	8	

序号	考核项目/mm	扣　分　标　准	配分	得分
3	$30_{-0.03}^{\ 0}$（2 处）	每超差 0.02 扣 1 分	8	
4	$10_{\ 0}^{+0.03}$（4 处）	每超差 0.02 扣 1 分	16	
5	$22_{\ 0}^{+0.03}$	每超差 0.02 扣 1 分	8	
6	$4_{\ 0}^{+0.03}$	每超差 0.02 扣 1 分	6	
7	20 ± 0.03	每超差 0.02 扣 1 分	6	
8	$8_{-0.06}^{\ 0}$	每超差 0.02 扣 1 分	6	
9	5 ± 0.02	每超差 0.02 扣 1 分	6	
10	58、$\phi42$	每超差 0.05 扣 1 分	4	
11	$\phi12$ 深 7	不成形不得分	6	
12	表面粗糙度	加工部位 30% 不达要求扣 1 分，50% 不达要求扣 2 分，75% 不达要求扣 4 分，超过 75% 不达要求全扣	6	
合计			90	

12.6　知识拓展

1. 取消刀具长度补偿的 G 代码是（　　）。

A. G43　　　　　　　　　　　　　B. G44

C. G40　　　　　　　　　　　　　D. G49

2. 刀具长度补偿指令（　　）是将 H 代码指定的已存入偏置器中的偏置值加到运动指令终点坐标。

A. G48　　　　　　　　　　　　　B. G49

C. G44　　　　　　　　　　　　　D. G43

3. 要通过刀具长度补偿功能实现刀具向上抬高 10mm 使用，应该选择（　　）。

A. G49、补偿量 10mm　　　　　　B. G43、补偿量 10mm

C. G44、补偿量 10mm　　　　　　D. G43、补偿量 −10mm

4. 如果刀具长度补偿值是 5mm，执行程序段 G19 G43 H01 G90 G01 X100 Y30 Z50 后，刀位点在工件坐标系的位置是（　　）。

A. X105 Y35 Z55　　　　　　　　B. X100 Y35 Z50

C. X105 Y30 Z50　　　　　　　　D. X100 Y30 Z55

5. 刀具长度补偿由准备功能 G43、G44、G49 及（　　）代码指定。

A. K　　　　　　　　　　　　　　B. J

C. I　　　　　　　　　　　　　　D. H

12.7 技能拓展

根据零件图纸要求，完成刀具长度补偿（2）的编程及加工。

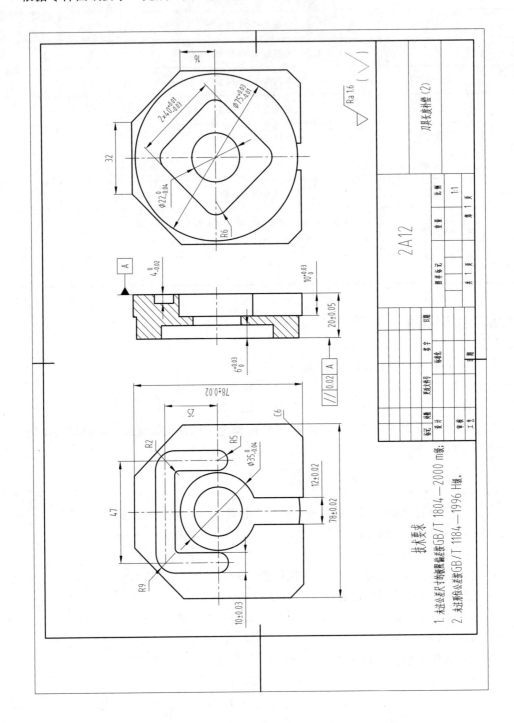

技能拓展任务：刀具长度补偿（2）

（1）操作技能考核总成绩表（表12.7）。

表12.7 　　　　　　　　　　**操作技能考核总成绩表**

序号	项目名称	配分	得分	备注
1	现场操作规范	10		
2	工件质量	90		
合计		100		

（2）现场操作规范评分表（表12.8）。

表12.8 　　　　　　　　　　**现场操作规范评分表**

序号	项目	考核内容	配分	考场表现	得分
1	现场操作规范	正确使用机床	2		
2		正确使用量具	2		
3		合理使用刃具	2		
4		设备维护保养	4		
合计			10		

（3）工件质量评分表（表12.9）。

表12.9 　　　　　　　　　　**工 件 质 量 评 分 表**

序号	考核项目/mm	扣 分 标 准	配分	得分
1	78 ± 0.02（2处）	每超差0.02扣1分	12	
2	$\phi35_{-0.04}^{0}$	每超差0.02扣1分	6	
3	12 ± 0.02	每超差0.02扣1分	6	
4	10 ± 0.03	每超差0.02扣1分	6	
5	$4_{-0.02}^{0}$	每超差0.02扣1分	6	
6	$\phi75_{-0.01}^{+0.03}$	每超差0.02扣1分	6	
7	$40_{-0.03}^{+0.01}$（2处）	每超差0.02扣1分	8	
8	$\phi22_{-0.04}^{0}$	每超差0.02扣1分	6	
9	20 ± 0.05	每超差0.02扣1分	6	
10	$6_{0}^{+0.03}$	每超差0.02扣1分	6	
11	$10_{0}^{+0.03}$	每超差0.02扣1分	6	
12	R6、R5、C6	不成形不得分	3	
13	32、47、25	每超差0.05扣1分	3	
14	平行度0.02	每超差0.02扣1分	4	
15	表面粗糙度	加工部位30%不达要求扣1分，50%不达要求扣2分，75%不达要求扣4分，超过75%不达要求全扣	6	
合计			90	

项目任务 13
铣削加工综合练习题库

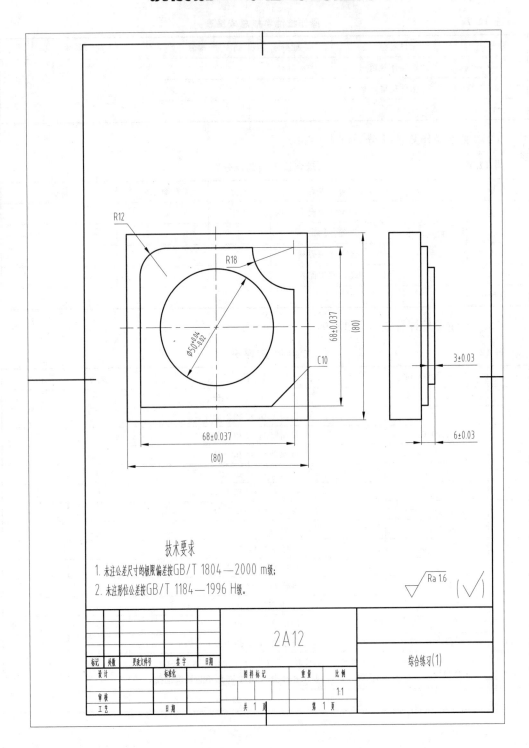

技术要求
1. 未注公差尺寸的极限偏差按GB/T 1804—2000 m级；
2. 未注形位公差按GB/T 1184—1996 H级。

$\sqrt{Ra\,1.6}$ $\left(\sqrt{}\right)$

标记	处数	更改文件号	签字	日期		2A12					
设计		标准化								综合练习(1)	
						图样标记		重量	比例		
审核									1:1		
工艺		日期				共 1 张		第 1 页			

铣削加工综合练习（1）评分表

（1）操作技能考核总成绩表（表 13.1）。

表 13.1 操作技能考核总成绩表

序号	项目名称	配分	得分	备注
1	现场操作规范	10		
2	工件质量	90		
合计		100		

（2）现场操作规范评分表（表 13.2）。

表 13.2 现场操作规范评分表

序号	项目	考核内容	配分	考场表现	得分
1	现场操作规范	正确使用机床	2		
2		正确使用量具	2		
3		合理使用刃具	2		
4		设备维护保养	4		
合计			10		

（3）工件质量评分表（表 13.3）。

表 13.3 工 件 质 量 评 分 表

序号	考核项目/mm	扣 分 标 准	配分	得分
1	68 ± 0.037（2 处）	每超差 0.02 扣 1 分	20	
2	$\phi 50^{+0.04}_{-0.02}$	每超差 0.02 扣 1 分	20	
3	3 ± 0.03	每超差 0.02 扣 1 分	10	
4	6 ± 0.03	每超差 0.02 扣 1 分	10	
5	R12	不成形不得分	8	
6	C10	不成形不得分	8	
7	R18	不成形不得分	4	
8	表面粗糙度	加工部位 30%不达要求扣 1 分，50%不达要求扣 2 分，75%不达要求扣 4 分，超过 75%不达要求全扣	10	
合计			90	

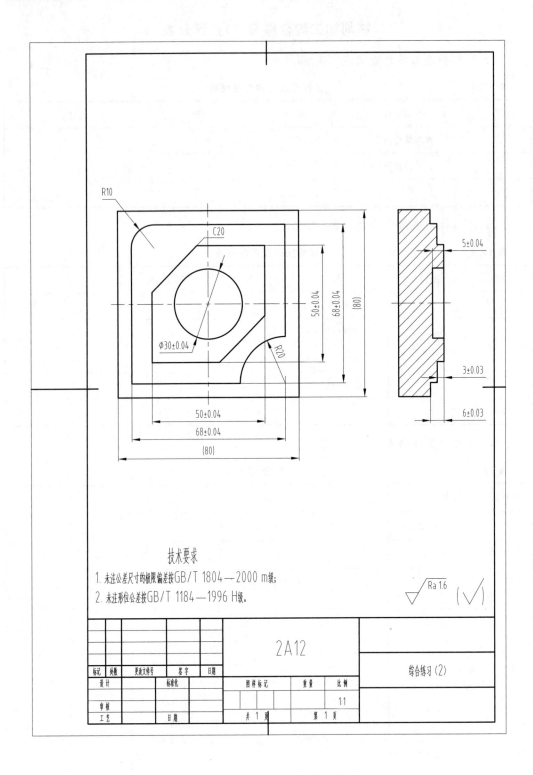

技术要求
1. 未注公差尺寸的极限偏差按GB/T 1804—2000 m级;
2. 未注形位公差按GB/T 1184—1996 H级。

√ Ra 1.6 (√)

标记	处数	更改文件号	签字	日期		2A12			综合练习 (2)
设计		标准化			图样标记		重量	比例	
								1:1	
审核					共 1 页		第 1 页		
工艺		日期							

铣削加工综合练习（2）评分表

（1）操作技能考核总成绩表（表 13.4）。

表 13.4 操作技能考核总成绩表

序号	项目名称	配分	得分	备注
1	现场操作规范	10		
2	工件质量	90		
合计		100		

（2）现场操作规范评分表（表 13.5）。

表 13.5 现场操作规范评分表

序号	项目	考核内容	配分	考场表现	得分
1		正确使用机床	2		
2	现场操作规范	正确使用量具	2		
3		合理使用刃具	2		
4		设备维护保养	4		
合计			10		

（3）工件质量评分表（表 13.6）。

表 13.6 工 件 质 量 评 分 表

序号	考核项目/mm	扣 分 标 准	配分	得分
1	$\phi 30\pm0.04$	每超差 0.02 扣 1 分	10	
2	50 ± 0.04（2 处）	每超差 0.02 扣 1 分	16	
3	68 ± 0.04（2 处）	每超差 0.02 扣 1 分	16	
4	5 ± 0.04	每超差 0.02 扣 1 分	8	
5	3 ± 0.03	每超差 0.02 扣 1 分	8	
6	6 ± 0.03	每超差 0.02 扣 1 分	8	
7	R10	不成形不得分	5	
8	R20	不成形不得分	5	
9	C20	不成形不得分	4	
10	表面粗糙度	加工部位 30% 不达要求扣 1 分，50% 不达要求扣 2 分，75% 不达要求扣 4 分，超过 75% 不达要求全扣	10	
合计			90	

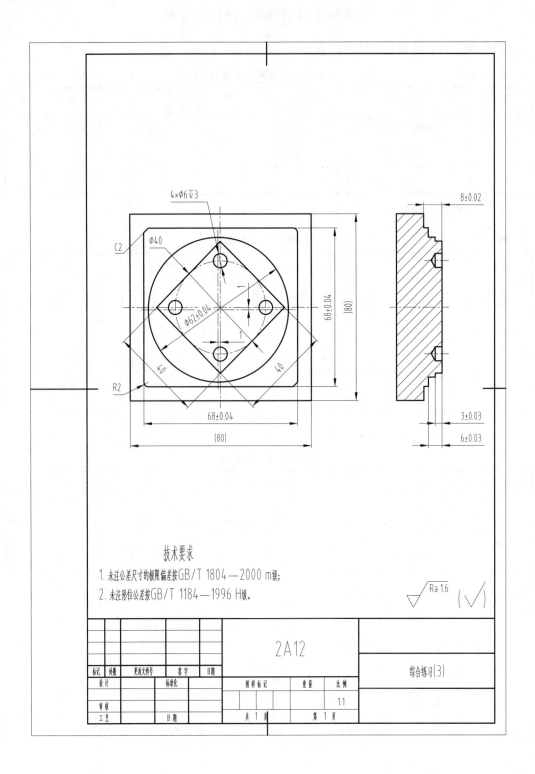

技术要求

1. 未注公差尺寸的极限偏差按GB/T 1804—2000 m级；
2. 未注形位公差按GB/T 1184—1996 H级。

√ Ra 1.6   (√)

标记	处数	更改文件号	签 字	日 期		2A12			
设 计		标准化				图样标记	重 量	比 例	综合练习(3)
审 核								1:1	
工 艺		日期				共 1 页		第 1 页	

铣削加工综合练习（3）评分表

（1）操作技能考核总成绩表（表13.7）。

表 13.7 操作技能考核总成绩表

序号	项目名称	配分	得分	备注
1	现场操作规范	10		
2	工件质量	90		
合计		100		

（2）现场操作规范评分表（表13.8）。

表 13.8 现场操作规范评分表

序号	项目	考核内容	配分	考场表现	得分
1		正确使用机床	2		
2	现场操作	正确使用量具	2		
3	规范	合理使用刃具	2		
4		设备维护保养	4		
合计			10		

（3）工件质量评分表（表13.9）。

表 13.9 工 件 质 量 评 分 表

序号	考核项目	扣 分 标 准	配分	得分
1	$\phi 62 \pm 0.04$	每超差 0.02 扣 1 分	16	
2	68 ± 0.04（2处）	每超差 0.02 扣 1 分	20	
3	8 ± 0.02	每超差 0.02 扣 1 分	12	
4	3 ± 0.03	每超差 0.02 扣 1 分	12	
5	6 ± 0.03	每超差 0.02 扣 1 分	10	
6	1	每超差 0.05 扣 1 分	5	
7	$\phi 6$（4处）	不成形不得分	5	
8	表面粗糙度	加工部位 30% 不达要求扣 1 分，50% 不达要求扣 2 分，75% 不达要求扣 4 分，超过 75% 不达要求全扣	10	
合计			90	

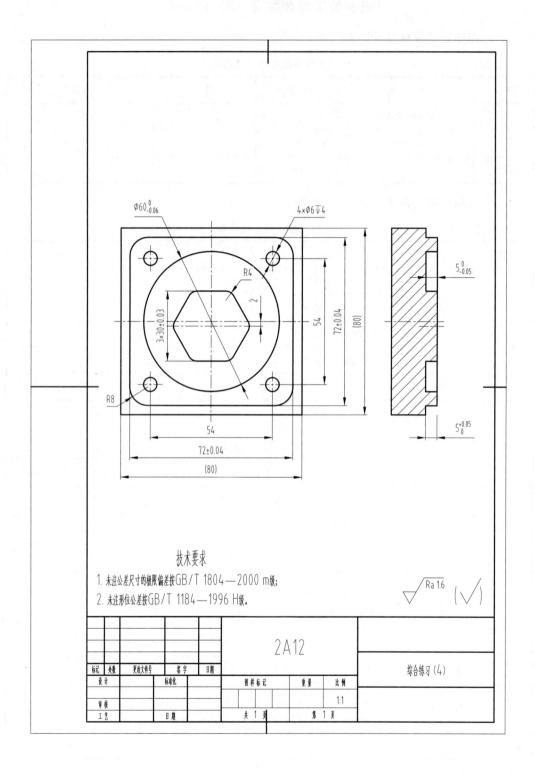

技术要求
1. 未注公差尺寸的极限偏差按GB/T 1804—2000 m级;
2. 未注形位公差按GB/T 1184—1996 H级。

2A12

综合练习（4）

标记	处数	更改文件号	签字	日期				
设计			标准化		图样标记	重量	比例	
审核							1:1	
工艺			日期		共 1 页		第 1 页	

铣削加工综合练习（4）评分表

（1）操作技能考核总成绩表（表13.10）。

表13.10　　　　　　　　　　　操作技能考核总成绩表

序号	项目名称	配分	得分	备注
1	现场操作规范	10		
2	工件质量	90		
合计		100		

（2）现场操作规范评分表（表13.11）。

表13.11　　　　　　　　　　　现场操作规范评分表

序号	项目	考核内容	配分	考场表现	得分
1	现场操作规范	正确使用机床	2		
2		正确使用量具	2		
3		合理使用刃具	2		
4		设备维护保养	4		
合计			10		

（3）工件质量评分表（表13.12）。

表13.12　　　　　　　　　　　工 件 质 量 评 分 表

序号	考核项目/mm	扣 分 标 准	配分	得分
1	30±0.03（3处）	每超差0.02扣1分	15	
2	72±0.04（2处）	每超差0.02扣1分	16	
3	$\phi 60_{-0.06}^{0}$	每超差0.02扣1分	10	
4	$5_{-0.05}^{0}$	每超差0.02扣1分	10	
5	$5_{0}^{+0.05}$	每超差0.02扣1分	10	
6	2	每超差0.05扣1分	5	
7	R4、R8	不成形不得分	4	
8	$\phi 6$（4处）	不成形不得分	5	
9	54	每超差0.05扣1分	5	
10	表面粗糙度	加工部位30%不达要求扣1分，50%不达要求扣2分，75%不达要求扣4分，超过75%不达要求全扣	10	
合计			90	

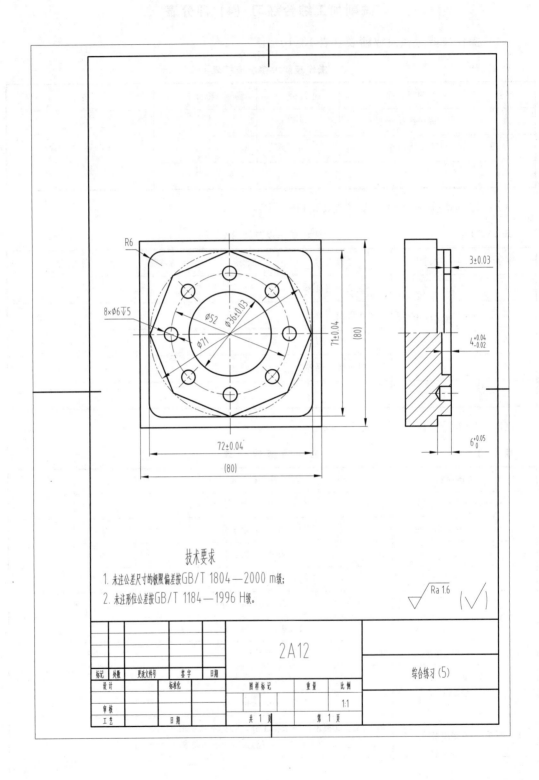

技术要求

1. 未注公差尺寸的极限偏差按GB/T 1804—2000 m级;

2. 未注形位公差按GB/T 1184—1996 H级。

$\sqrt{\text{Ra 1.6}}$ ($\sqrt{}$)

标记	处数	更改文件号	签字	日期		2A12			综合练习 (5)
设计		标准化				图样标记	重量	比例	
审核								1:1	
工艺		日期				共 1 页	第 1 页		

铣削加工综合练习（5）评分表

（1）操作技能考核总成绩表（表 13.13）。

表 13.13　　　　　　　　　　　　操作技能考核总成绩表

序号	项目名称	配分	得分	备注
1	现场操作规范	10		
2	工件质量	90		
合计		100		

（2）现场操作规范评分表（表 13.14）。

表 13.14　　　　　　　　　　　现场操作规范评分表

序号	项目	考核内容	配分	考场表现	得分
1	现场操作规范	正确使用机床	2		
2		正确使用量具	2		
3		合理使用刃具	2		
4		设备维护保养	4		
合计			10		

（3）工件质量评分表（表 13.15）。

表 13.15　　　　　　　　　　工 件 质 量 评 分 表

序号	考核项目/mm	扣 分 标 准	配分	得分
1	72 ± 0.04	每超差 0.02 扣 1 分	10	
2	71 ± 0.04	每超差 0.02 扣 1 分	10	
3	$\phi36\pm0.03$	每超差 0.02 扣 1 分	14	
4	$6^{+0.05}_{0}$	每超差 0.02 扣 1 分	10	
5	3 ± 0.03	每超差 0.02 扣 1 分	10	
6	$4^{+0.04}_{-0.02}$	每超差 0.02 扣 1 分	10	
7	$\phi52$	每超差 0.05 扣 1 分	5	
8	$\phi71$	每超差 0.05 扣 1 分	5	
9	$\phi6$ 深 5（8 处）	不成形不得分	4	
10	R6	不成形不得分	2	
11	表面粗糙度	加工部位 30% 不达要求扣 1 分，50% 不达要求扣 2 分，75% 不达要求扣 4 分，超过 75% 不达要求全扣	10	
合计			90	

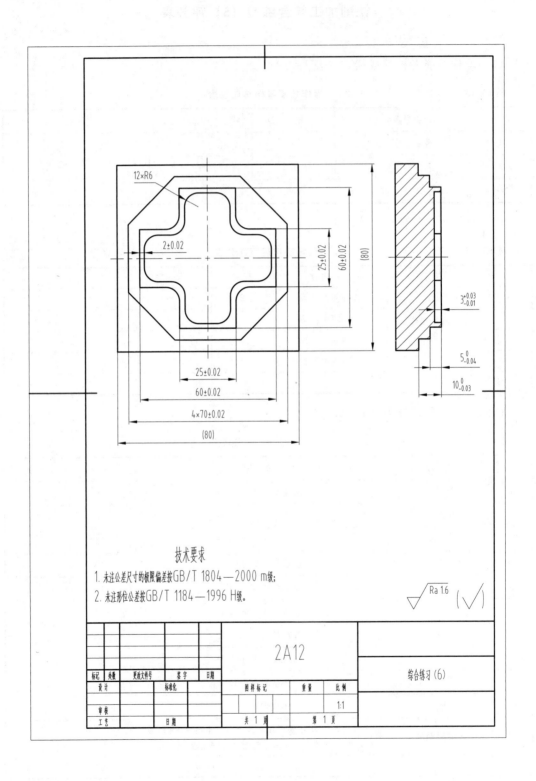

技术要求
1. 未注公差尺寸的极限偏差按GB/T 1804—2000 m级；
2. 未注形位公差按GB/T 1184—1996 H级。

$\sqrt{\text{Ra 1.6}}$ ($\sqrt{}$)

标记	处数	更改文件号	签字	日期		2A12		综合练习（6）
设计			标准化			图样标记	重量	比例
审核								1:1
工艺			日期			共 1 页	第 1 页	

铣削加工综合练习（6）评分表

（1）操作技能考核总成绩表（表13.16）。

表13.16 　　　　　　　　　　操作技能考核总成绩表

序号	项目名称	配分	得分	备注
1	现场操作规范	10		
2	工件质量	90		
合计		100		

（2）现场操作规范评分表（表13.17）。

表13.17 　　　　　　　　　　现场操作规范评分表

序号	项目	考核内容	配分	考场表现	得分
1		正确使用机床	2		
2	现场操作规范	正确使用量具	2		
3		合理使用刃具	2		
4		设备维护保养	4		
合计			10		

（3）工件质量评分表（表13.18）。

表13.18 　　　　　　　　　　工 件 质 量 评 分 表

序号	考核项目/mm	扣 分 标 准	配分	得分
1	70±0.02（4处）	每超差0.02扣1分	20	
2	60±0.02（2处）	每超差0.02扣1分	15	
3	25±0.02（4处）	每超差0.02扣1分	15	
4	2等距±0.02	每超差0.02扣1分	8	
5	$3^{+0.03}_{-0.01}$	每超差0.02扣1分	8	
6	$5^{0}_{-0.04}$	每超差0.02扣1分	7	
7	$10^{0}_{-0.03}$	每超差0.02扣1分	7	
8	表面粗糙度	加工部位30%不达要求扣1分，50%不达要求扣2分，75%不达要求扣4分，超过75%不达要求全扣	10	
合计			90	

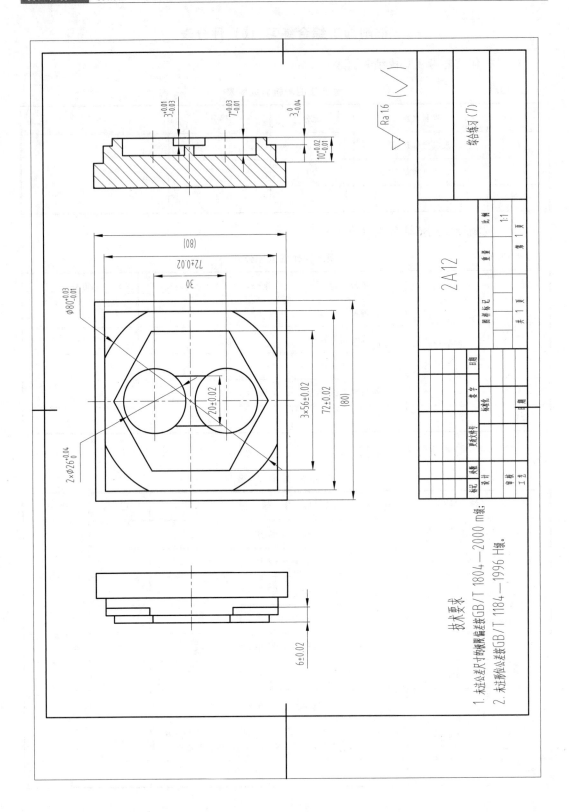

铣削加工综合练习 (7) 评分表

（1）操作技能考核总成绩表（表 13.19）。

表 13.19　　　　　　　　　操作技能考核总成绩表

序号	项目名称	配分	得分	备注
1	现场操作规范	10		
2	工件质量	90		
合计		100		

（2）现场操作规范评分表（表 13.20）。

表 13.20　　　　　　　　　现场操作规范评分表

序号	项目	考核内容	配分	考场表现	得分
1	现场操作规范	正确使用机床	2		
2		正确使用量具	2		
3		合理使用刃具	2		
4		设备维护保养	4		
合计			10		

（3）工件质量评分表（表 13.21）。

表 13.21　　　　　　　　　工 件 质 量 评 分 表

序号	考核项目/mm	扣 分 标 准	配分	得分
1	$\phi 80^{+0.03}_{-0.01}$	每超差 0.02 扣 1 分	6	
2	72 ± 0.02（2 处）	每超差 0.02 扣 1 分	12	
3	56 ± 0.02（3 处）	每超差 0.02 扣 1 分	12	
4	$\phi 26^{+0.04}_{0}$（2 处）	每超差 0.02 扣 1 分	12	
5	20 ± 0.02	每超差 0.02 扣 1 分	4	
6	$3^{+0.01}_{-0.03}$	每超差 0.02 扣 1 分	6	
7	$7^{+0.03}_{-0.01}$	每超差 0.02 扣 1 分	6	
8	$3^{0}_{-0.04}$	每超差 0.02 扣 1 分	6	
9	$10^{+0.02}_{-0.01}$	每超差 0.02 扣 1 分	6	
10	6 ± 0.02	每超差 0.02 扣 1 分	6	
11	30	每超差 0.05 扣 1 分	4	
12	表面粗糙度	加工部位 30% 不达要求扣 1 分，50% 不达要求扣 2 分，75% 不达要求扣 4 分，超过 75% 不达要求全扣	10	
合计			90	

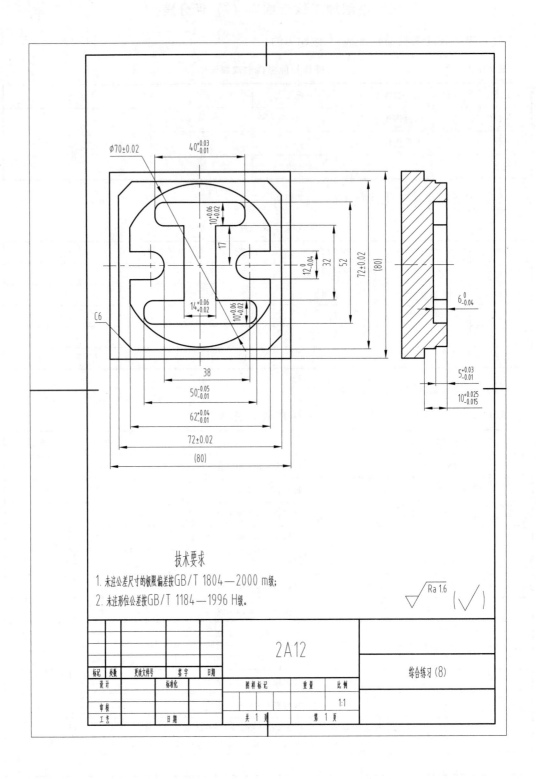

技术要求

1. 未注公差尺寸的极限偏差按GB/T 1804—2000 m级;
2. 未注形位公差按GB/T 1184—1996 H级。

$\sqrt{Ra\,1.6}$ $(\sqrt{\ })$

标记	处数	更改文件号	签字	日期			2A12				综合练习（8）
设 计		标准化				图样标记		重量	比例		
审 核									1:1		
工 艺		日期				共 1 页		第 1 页			

铣削加工综合练习（8）评分表

（1）操作技能考核总成绩表（表13.22）。

表13.22 操作技能考核总成绩表

序号	项目名称	配分	得分	备注
1	现场操作规范	10		
2	工件质量	90		
合计		100		

（2）现场操作规范评分表（表13.23）。

表13.23 现场操作规范评分表

序号	项目	考核内容	配分	考场表现	得分
1	现场操作规范	正确使用机床	2		
2		正确使用量具	2		
3		合理使用刃具	2		
4		设备维护保养	4		
合计			10		

（3）工件质量评分表（表13.24）。

表13.24 工件质量评分表

序号	考核项目/mm	扣分标准	配分	得分
1	$\phi70\pm0.02$	每超差0.02扣1分	10	
2	72 ± 0.02（2处）	每超差0.02扣1分	10	
3	$62^{+0.04}_{-0.01}$	每超差0.02扣1分	10	
4	$50^{-0.05}_{-0.01}$	每超差0.02扣1分	10	
5	$10^{+0.025}_{-0.015}$	每超差0.02扣1分	5	
6	$12^{0}_{-0.04}$	每超差0.02扣1分	5	
7	$14^{+0.06}_{+0.02}$	每超差0.02扣1分	5	
8	$10^{+0.06}_{+0.02}$（2处）	每超差0.02扣1分	5	
9	$40^{+0.03}_{-0.01}$	每超差0.02扣1分	5	
10	$6^{0}_{-0.04}$	每超差0.02扣1分	5	
11	$5^{+0.03}_{-0.01}$	每超差0.02扣1分	5	
12	C6	不成形不得分	5	
13	表面粗糙度	加工部位30%不达要求扣1分，50%不达要求扣2分，75%不达要求扣4分，超过75%不达要求全扣	10	
合计			90	

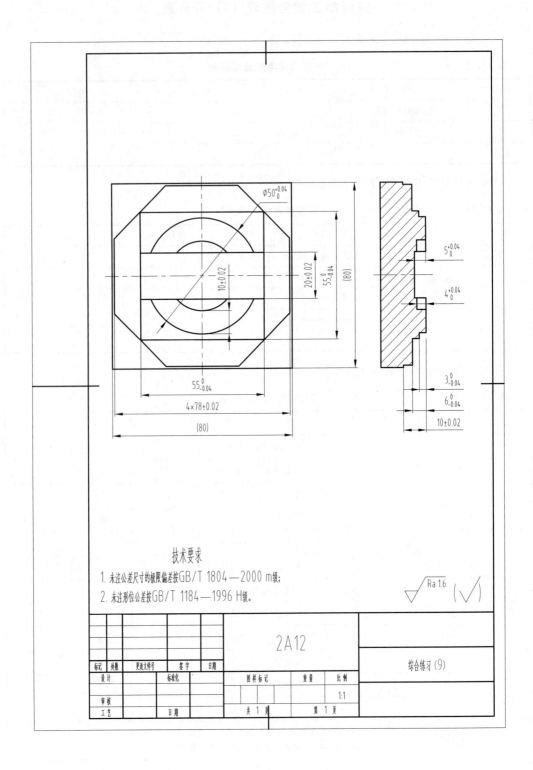

技术要求
1. 未注公差尺寸的极限偏差按GB/T 1804—2000 m级；
2. 未注形位公差按GB/T 1184—1996 H级。

$\sqrt{Ra\ 1.6}$ ($\sqrt{}$)

标记	处数	更改文件号	签 字	日期		2A12		综合练习（9）	
设 计		标准化			图样标记		重量	比例	
								1:1	
审 核									
工 艺		日期			共 1 张		第 1 页		

铣削加工综合练习（9）评分表

（1）操作技能考核总成绩表（表 13.25）。

表 13.25　　　　　　　　　　　　操作技能考核总成绩表

序号	项目名称	配分	得分	备注
1	现场操作规范	10		
2	工件质量	90		
合计		100		

（2）现场操作规范评分表（表 13.26）。

表 13.26　　　　　　　　　　　　现场操作规范评分表

序号	项目	考核内容	配分	考场表现	得分
1		正确使用机床	2		
2	现场操作规范	正确使用量具	2		
3		合理使用刃具	2		
4		设备维护保养	4		
合计			10		

（3）工件质量评分表（表 13.27）。

表 13.27　　　　　　　　　　　　工 件 质 量 评 分 表

序号	考核项目/mm	扣 分 标 准	配分	得分
1	78 ± 0.02（4处）	每超差 0.02 扣 1 分	16	
2	$55_{-0.04}^{0}$（2处）	每超差 0.02 扣 1 分	12	
3	10 ± 0.02	每超差 0.02 扣 1 分	8	
4	20 ± 0.02	每超差 0.02 扣 1 分	8	
5	$\phi50_{0}^{+0.04}$	每超差 0.02 扣 1 分	8	
6	$5_{0}^{+0.04}$	每超差 0.02 扣 1 分	8	
7	$4_{0}^{+0.04}$	每超差 0.02 扣 1 分	5	
8	$3_{-0.04}^{0}$	每超差 0.02 扣 1 分	5	
9	$6_{-0.04}^{0}$	每超差 0.02 扣 1 分	5	
10	10 ± 0.02	每超差 0.02 扣 1 分	5	
11	表面粗糙度	加工部位 30%不达要求扣 1 分，50%不达要求扣 2 分，75%不达要求扣 4 分，超过 75%不达要求全扣	10	
合计			90	

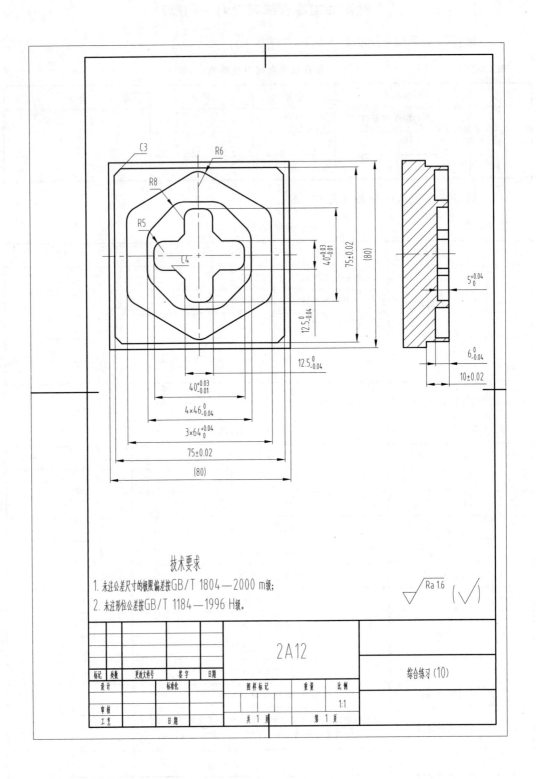

技术要求

1. 未注公差尺寸的极限偏差按GB/T 1804—2000 m级;
2. 未注形位公差按GB/T 1184—1996 H级。

$\sqrt{Ra\,1.6}\ (\ \sqrt{}\ )$

标记	处数	更改文件号	签 字	日期		2A12			综合练习 (10)
设 计		标准化				图样标记	重量	比例	
								1:1	
审 核									
工 艺		日期				共 1 页	第 1 页		

铣削加工综合练习（10）评分表

（1）操作技能考核总成绩表（表13.28）。

表13.28　　　　　　　　操作技能考核总成绩表

序号	项目名称	配分	得分	备注
1	现场操作规范	10		
2	工件质量	90		
合计		100		

（2）现场操作规范评分表（表13.29）。

表13.29　　　　　　　　现场操作规范评分表

序号	项目	考核内容	配分	考场表现	得分
1	现场操作规范	正确使用机床	2		
2		正确使用量具	2		
3		合理使用刃具	2		
4		设备维护保养	4		
合计			10		

（3）工件质量评分表（表13.30）。

表13.30　　　　　　　　工 件 质 量 评 分 表

序号	考核项目/mm	扣 分 标 准	配分	得分
1	75 ± 0.02（2处）	每超差0.02扣1分	10	
2	$64^{+0.04}_{0}$（3处）	每超差0.02扣1分	12	
3	$46^{0}_{-0.04}$（4处）	每超差0.02扣1分	16	
4	$40^{+0.03}_{-0.01}$（2处）	每超差0.02扣1分	10	
5	$12.5^{0}_{-0.04}$（2处）	每超差0.02扣1分	10	
6	10 ± 0.02	每超差0.02扣1分	5	
7	$6^{0}_{-0.04}$	每超差0.02扣1分	5	
8	$5^{+0.04}_{0}$	每超差0.02扣1分	5	
9	R5、R6、R8	不成形不得分	5	
10	C3、C4	不成形不得分	4	
11	表面粗糙度	加工部位30%不达要求扣1分，50%不达要求扣2分，75%不达要求扣4分，超过75%不达要求全扣	8	
合计			90	

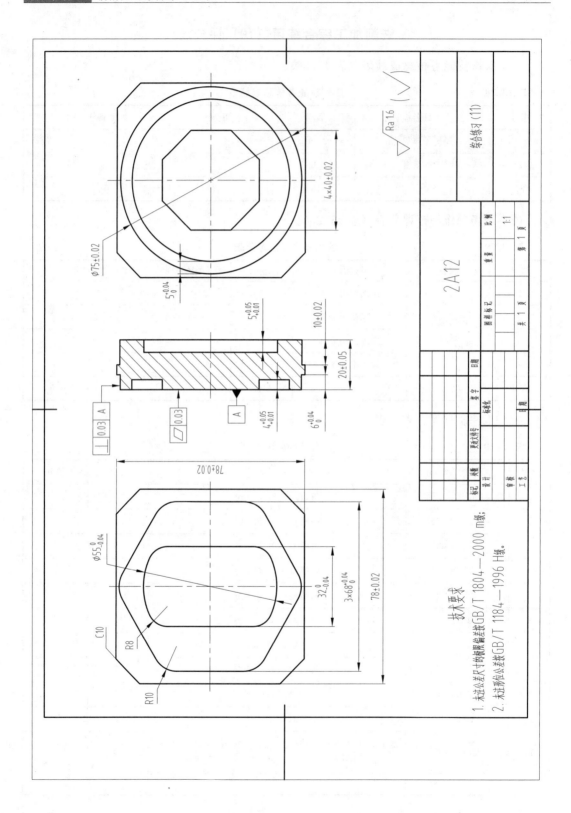

技术要求
1. 未注公差尺寸的极限偏差按GB/T 1804—2000 m级;
2. 未注形位公差按GB/T 1184—1996 H级。

2A12

综合练习(11)

铣削加工综合练习（11）评分表

（1）操作技能考核总成绩表（表 13.31）。

表 13.31　　　　　　　　　　操作技能考核总成绩表

序号	项目名称	配分	得分	备注
1	现场操作规范	10		
2	工件质量	90		
合计		100		

（2）现场操作规范评分表（表 13.32）。

表 13.32　　　　　　　　　　现场操作规范评分表

序号	项目	考核内容	配分	考场表现	得分
1	现场操作规范	正确使用机床	2		
2		正确使用量具	2		
3		合理使用刃具	2		
4		设备维护保养	4		
合计			10		

（3）工件质量评分表（表 13.33）。

表 13.33　　　　　　　　　　工 件 质 量 评 分 表

序号	考核项目/mm	扣 分 标 准	配分	得分
1	78 ± 0.02（2 处）	每超差 0.02 扣 1 分	8	
2	$68^{+0.04}_{0}$（3 处）	每超差 0.02 扣 1 分	9	
3	$\phi55^{0}_{-0.04}$	每超差 0.02 扣 1 分	5	
4	$32^{0}_{-0.04}$	每超差 0.02 扣 1 分	5	
5	$\phi75\pm0.02$	每超差 0.02 扣 1 分	5	
6	40 ± 0.02（4 处）	每超差 0.02 扣 1 分	12	
7	$5^{+0.04}_{0}$	每超差 0.02 扣 1 分	5	
8	20 ± 0.05	每超差 0.02 扣 1 分	4	
9	10 ± 0.02	每超差 0.02 扣 1 分	4	
10	$6^{+0.04}_{0}$	每超差 0.02 扣 1 分	4	
11	$5^{+0.05}_{+0.01}$	每超差 0.02 扣 1 分	4	
12	$4^{+0.05}_{+0.01}$	每超差 0.02 扣 1 分	4	
13	R8	不成形不得分	2	
14	R10	不成形不得分	2	
15	C10	不成形不得分	2	
16	垂直度 0.03	每超差 0.02 扣 1 分	4	
17	平面度 0.03	每超差 0.02 扣 1 分	4	
18	表面粗糙度	加工部位 30%不达要求扣 1 分，50%不达要求扣 2 分，75%不达要求扣 4 分，超过 75%不达要求全扣	7	
合计			90	

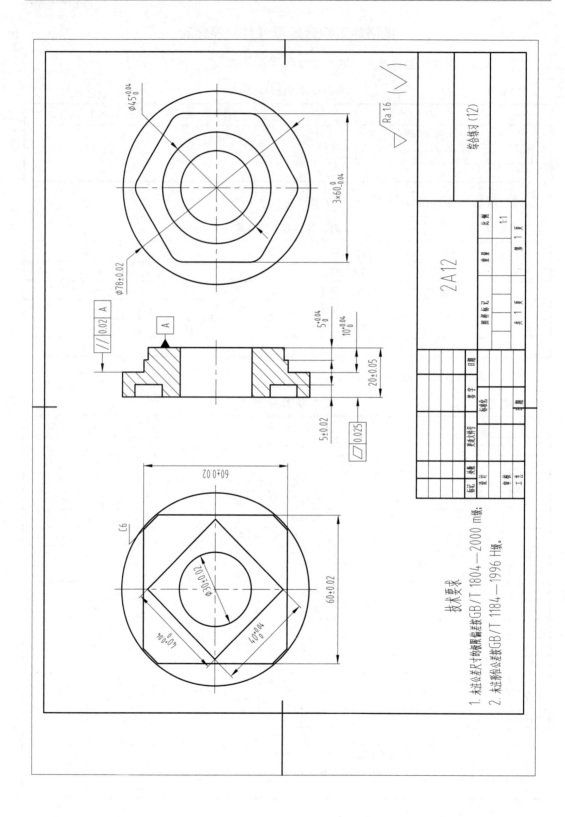

技术要求

1. 未注公差尺寸的极限偏差按GB/T 1804—2000 m级;
2. 未注形位公差按GB/T 1184—1996 H级。

铣削加工综合练习（12）评分表

（1）操作技能考核总成绩表（表13.34）。

表13.34　　　　　　　　操作技能考核总成绩表

序号	项目名称	配分	得分	备注
1	现场操作规范	10		
2	工件质量	90		
合计		100		

（2）现场操作规范评分表（表13.35）。

表13.35　　　　　　　　现场操作规范评分表

序号	项目	考核内容	配分	考场表现	得分
1	现场操作规范	正确使用机床	2		
2		正确使用量具	2		
3		合理使用刃具	2		
4		设备维护保养	4		
合计			10		

（3）工件质量评分表（表13.36）。

表13.36　　　　　　　　工件质量评分表

序号	考核项目/mm	扣分标准	配分	得分
1	60 ± 0.02（2处）	每超差0.02扣1分	12	
2	$40^{+0.04}_{0}$（2处）	每超差0.02扣1分	12	
3	$\phi30\pm0.02$	每超差0.02扣1分	6	
4	$\phi78\pm0.02$	每超差0.02扣1分	6	
5	$60^{0}_{-0.04}$（3处）	每超差0.02扣1分	12	
6	$\phi45^{+0.04}_{0}$	每超差0.02扣1分	6	
7	20 ± 0.05	每超差0.02扣1分	5	
8	$10^{+0.04}_{0}$	每超差0.02扣1分	5	
9	$5^{+0.04}_{0}$	每超差0.02扣1分	5	
10	5 ± 0.02	每超差0.02扣1分	5	
11	平行度0.02	每超差0.02扣1分	4	
12	平面度0.025	每超差0.02扣1分	4	
13	表面粗糙度	加工部位30%不达要求扣1分，50%不达要求扣2分，75%不达要求扣4分，超过75%不达要求全扣	8	
合计			90	

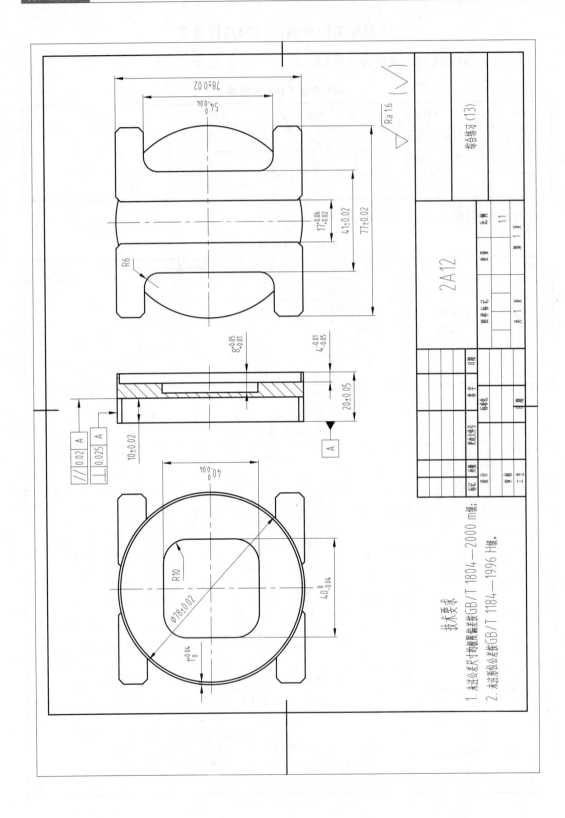

技术要求
1. 未注公差尺寸的极限偏差按GB/T 1804—2000 m级；
2. 未注形位公差按GB/T 1184—1996 H级。

铣削加工综合练习（13）评分表

（1）操作技能考核总成绩表（表 13.37）。

表 13.37　　　　　　　　　　操作技能考核总成绩表

序号	项目名称	配分	得分	备注
1	现场操作规范	10		
2	工件质量	90		
合计		100		

（2）现场操作规范评分表（表 13.38）。

表 13.38　　　　　　　　　　现场操作规范评分表

序号	项目	考核内容	配分	考场表现	得分
1	现场操作规范	正确使用机床	2		
2		正确使用量具	2		
3		合理使用刃具	2		
4		设备维护保养	4		
合计			10		

（3）工件质量评分表（表 13.39）。

表 13.39　　　　　　　　　　工 件 质 量 评 分 表

序号	考核项目/mm	扣　分　标　准	配分	得分
1	$\phi 78 \pm 0.02$	每超差 0.02 扣 1 分	8	
2	$40_{-0.04}^{0}$（2 处）	每超差 0.02 扣 1 分	6	
3	$1_{0}^{+0.04}$	每超差 0.02 扣 1 分	6	
4	78 ± 0.02	每超差 0.02 扣 1 分	6	
5	77 ± 0.02	每超差 0.02 扣 1 分	6	
6	$54_{-0.04}^{0}$	每超差 0.02 扣 1 分	6	
7	41 ± 0.02	每超差 0.02 扣 1 分	5	
8	$17_{+0.02}^{+0.06}$	每超差 0.02 扣 1 分	6	
9	20 ± 0.05	每超差 0.02 扣 1 分	5	
10	10 ± 0.02	每超差 0.02 扣 1 分	5	
11	$8_{+0.01}^{+0.05}$	每超差 0.02 扣 1 分	6	
12	$4_{-0.05}^{-0.01}$	每超差 0.02 扣 1 分	5	
13	R6	不成形不得分	4	
14	平行度 0.02	每超差 0.02 扣 1 分	4	
15	垂直度 0.025	每超差 0.02 扣 1 分	4	
16	表面粗糙度	加工部位 30%不达要求扣 1 分，50%不达要求扣 2 分，75%不达要求扣 4 分，超过 75%不达要求全扣	8	
合计			90	

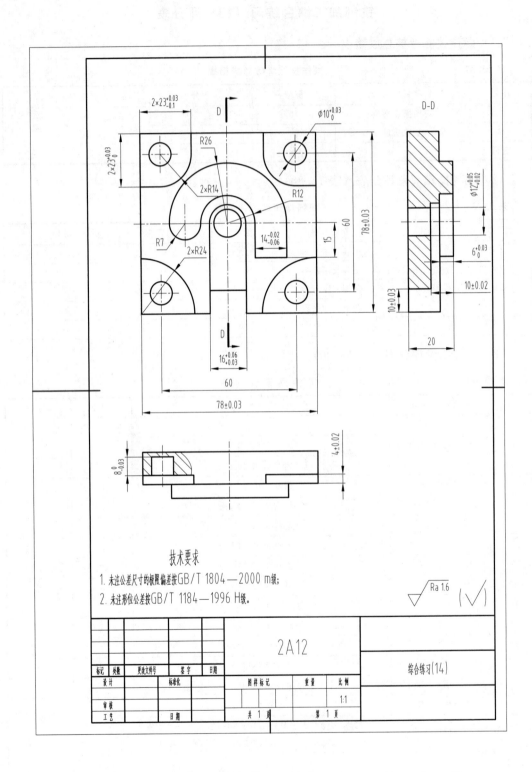

技术要求
1. 未注公差尺寸的极限偏差按GB/T 1804—2000 m级；
2. 未注形位公差按GB/T 1184—1996 H级。

$\sqrt{}$ Ra 1.6 $(\sqrt{})$

						2A12				
									综合练习(14)	
标记	处数	更改文件号	签 字	日期						
设 计		标准化			图样标记		重量	比例		
审 核									1:1	
工 艺		日期			共 1 张		第 1 页			

铣削加工综合练习（14）评分表

（1）操作技能考核总成绩表（表13.40）。

表13.40　　　　　　　　　　操作技能考核总成绩表

序号	项目名称	配分	得分	备注
1	现场操作规范	10		
2	工件质量	90		
合计		100		

（2）现场操作规范评分表（表13.41）。

表13.41　　　　　　　　　　现场操作规范评分表

序号	项目	考核内容	配分	考场表现	得分
1	现场操作规范	正确使用机床	2		
2		正确使用量具	2		
3		合理使用刃具	2		
4		设备维护保养	4		
合计			10		

（3）工件质量评分表（表13.42）。

表13.42　　　　　　　　　　工 件 质 量 评 分 表

序号	考核项目/mm	扣 分 标 准	配分	得分
1	$23^{+0.03}_{0}$（4处）	每超差0.02扣1分	12	
2	78 ± 0.03（2处）	每超差0.02扣1分	12	
3	$16^{+0.06}_{+0.03}$	每超差0.02扣1分	8	
4	$14^{-0.02}_{-0.06}$	每超差0.02扣1分	6	
5	$8^{0}_{-0.03}$	每超差0.02扣1分	4	
6	4 ± 0.02	每超差0.02扣1分	4	
7	$\phi12^{+0.05}_{+0.02}$	每超差0.02扣1分	6	
8	$6^{+0.03}_{0}$	每超差0.02扣1分	4	
9	10 ± 0.02	每超差0.02扣1分	4	
10	10 ± 0.03	每超差0.02扣1分	6	
11	$\phi10^{+0.03}_{0}$（4处）	每超差0.02扣1分	8	
12	20	每超差0.05扣1分	4	
13	R26	不成形不得分	2	
14	2×R14	不成形不得分	2	
15	表面粗糙度	加工部位30%不达要求扣1分，50%不达要求扣2分，75%不达要求扣4分，超过75%不达要求全扣	8	
合计			90	

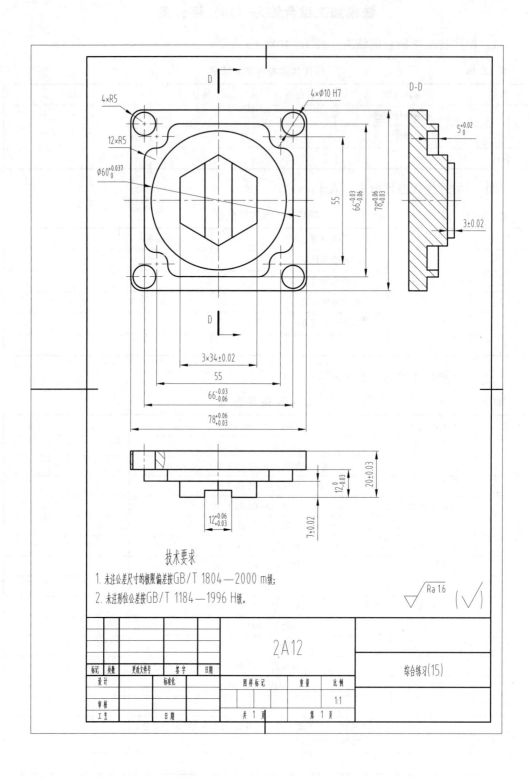

技术要求
1. 未注公差尺寸的极限偏差按GB/T 1804—2000 m级;
2. 未注形位公差按GB/T 1184—1996 H级。

$\sqrt{}$ Ra 1.6

2A12

综合练习(15)

标记	处数	更改文件号	签字	日期			
设计		标准化			图样标记	重量	比例
							1:1
审核							
工艺		日期			共 1 页	第 1 页	

铣削加工综合练习（15）评分表

（1）操作技能考核总成绩表（表 13.43）。

表 13.43　　　　　　　　　　　操作技能考核总成绩表

序号	项目名称	配分	得分	备注
1	现场操作规范	10		
2	工件质量	90		
合计		100		

（2）现场操作规范评分表（表 13.44）。

表 13.44　　　　　　　　　　　现场操作规范评分表

序号	项目	考核内容	配分	考场表现	得分
1	现场操作规范	正确使用机床	2		
2		正确使用量具	2		
3		合理使用刃具	2		
4		设备维护保养	4		
合计			10		

（3）工件质量评分表（表 13.45）。

表 13.45　　　　　　　　　　　工 件 质 量 评 分 表

序号	考核项目/mm	扣 分 标 准	配分	得分
1	$78^{+0.06}_{+0.03}$（2 处）	每超差 0.02 扣 1 分	12	
2	$66^{-0.03}_{-0.06}$（2 处）	每超差 0.02 扣 1 分	12	
3	$\phi 60^{+0.037}_{0}$	每超差 0.02 扣 1 分	6	
4	34 ± 0.02（3 处）	每超差 0.02 扣 1 分	12	
5	$12^{+0.06}_{+0.03}$	每超差 0.02 扣 1 分	5	
6	7 ± 0.02	每超差 0.02 扣 1 分	5	
7	$12^{0}_{-0.03}$	每超差 0.02 扣 1 分	8	
8	20 ± 0.03	每超差 0.02 扣 1 分	4	
9	$5^{+0.02}_{0}$	每超差 0.02 扣 1 分	4	
10	3 ± 0.02	每超差 0.02 扣 1 分	4	
11	R5	不成形不得分	4	
12	$\phi 10$ 深 7（4 处）	不合格不得分	6	
13	表面粗糙度	加工部位 30% 不达要求扣 1 分，50% 不达要求扣 2 分，75% 不达要求扣 4 分，超过 75% 不达要求全扣	8	
合计			90	

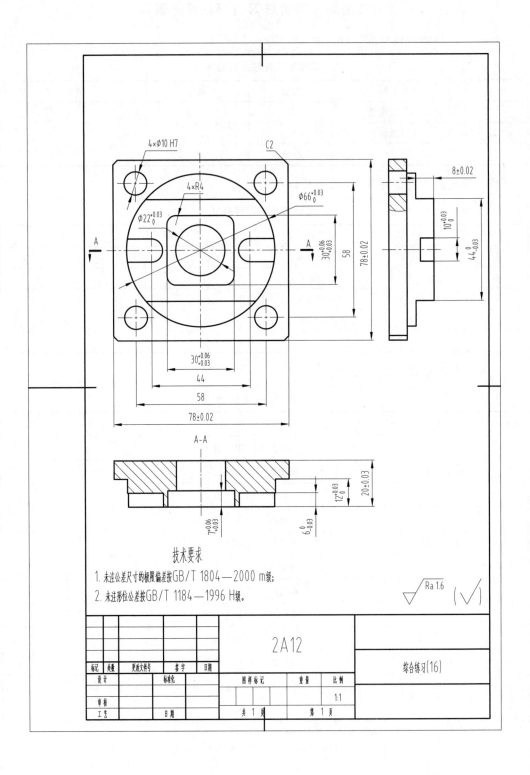

技术要求

1. 未注公差尺寸的极限偏差按GB/T 1804—2000 m级;

2. 未注形位公差按GB/T 1184—1996 H级。

2A12

综合练习(16)

标记	处数	更改文件号	签字	日期				
设计		标准化			图样标记	重量	比例
							1:1
审核							
工艺		日期			共 1 张	第 1 页	

铣削加工综合练习（16）评分表

（1）操作技能考核总成绩表（表 13.46）。

表 13.46 操作技能考核总成绩表

序号	项目名称	配分	得分	备注
1	现场操作规范	10		
2	工件质量	90		
合计		100		

（2）现场操作规范评分表（表 13.47）。

表 13.47 现场操作规范评分表

序号	项目	考核内容	配分	考场表现	得分
1	现场操作规范	正确使用机床	2		
2		正确使用量具	2		
3		合理使用刃具	2		
4		设备维护保养	4		
合计			10		

（3）工件质量评分表（表 13.48）。

表 13.48 工件质量评分表

序号	考核项目/mm	扣分标准	配分	得分
1	78 ± 0.02（2 处）	每超差 0.02 扣 1 分	10	
2	$30^{+0.06}_{+0.03}$（2 处）	每超差 0.02 扣 1 分	10	
3	$\phi66^{+0.03}_{0}$	每超差 0.02 扣 1 分	6	
4	$44^{0}_{-0.03}$	每超差 0.02 扣 1 分	6	
5	8 ± 0.02	每超差 0.02 扣 1 分	6	
6	$10^{+0.03}_{0}$（2 处）	每超差 0.02 扣 1 分	8	
7	$7^{+0.06}_{+0.03}$	每超差 0.02 扣 1 分	5	
8	$6^{0}_{-0.03}$	每超差 0.02 扣 1 分	5	
9	$12^{+0.03}_{0}$	每超差 0.02 扣 1 分	5	
10	20 ± 0.03	每超差 0.02 扣 1 分	6	
11	$\phi22^{+0.03}_{0}$	每超差 0.02 扣 1 分	5	
12	44	每超差 0.05 扣 1 分	2	
13	58	每超差 0.05 扣 1 分	2	
14	$\phi10$ 深 7	不合格不得分	4	
15	C2	不成形不得分	5	
16	表面粗糙度	加工部位 30%不达要求扣 1 分，50%不达要求扣 2 分，75%不达要求扣 4 分，超过 75%不达要求全扣	8	
合计			90	

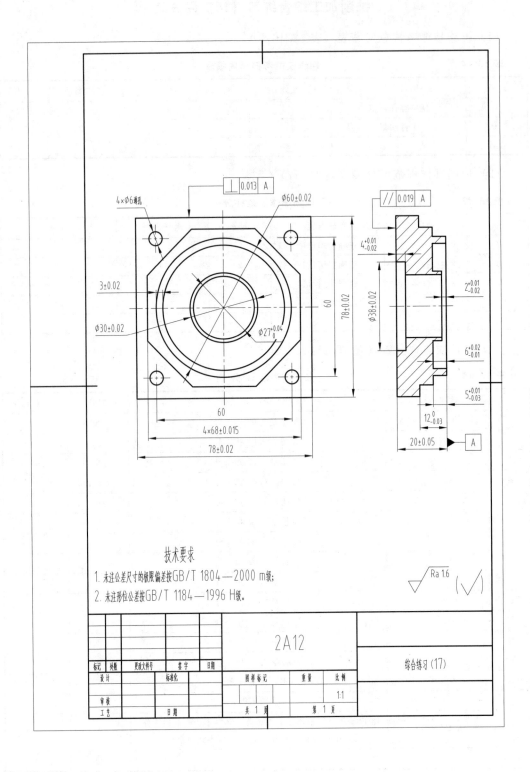

技术要求
1. 未注公差尺寸的极限偏差按GB/T 1804—2000 m级;
2. 未注形位公差按GB/T 1184—1996 H级。

√ Ra 1.6 (√)

标记	处数	更改文件号	签 字	日期		2A12			综合练习 (17)
设 计		标准化			图样标记		重量	比例	
								1:1	
审 核									
工 艺		日期			共 1 页		第 1 页		

138

铣削加工综合练习 (17) 评分表

(1) 操作技能考核总成绩表 (表 13.49)。

表 13.49　　　　　　　　　　操作技能考核总成绩表

序号	项目名称	配分	得分	备注
1	现场操作规范	10		
2	工件质量	90		
合计		100		

(2) 现场操作规范评分表 (表 13.50)。

表 13.50　　　　　　　　　　现场操作规范评分表

序号	项目	考核内容	配分	考场表现	得分
1	现场操作规范	正确使用机床	2		
2		正确使用量具	2		
3		合理使用刃具	2		
4		设备维护保养	4		
合计			10		

(3) 工件质量评分表 (表 13.51)。

表 13.51　　　　　　　　　　工 件 质 量 评 分 表

序号	考核项目/mm	扣 分 标 准	配分	得分
1	78 ± 0.02 (2 处)	每超差 0.02 扣 1 分	10	
2	68 ± 0.015 (4 处)	每超差 0.02 扣 1 分	12	
3	$\phi60\pm0.02$	每超差 0.02 扣 1 分	6	
4	$\phi30\pm0.02$	每超差 0.02 扣 1 分	5	
5	$\phi27^{+0.04}_{0}$	每超差 0.02 扣 1 分	5	
6	3 等距±0.02	每超差 0.02 扣 1 分	5	
7	20 ± 0.05	每超差 0.02 扣 1 分	5	
8	$12^{0}_{-0.03}$	每超差 0.02 扣 1 分	4	
9	$6^{+0.02}_{-0.01}$	每超差 0.02 扣 1 分	4	
10	$5^{+0.01}_{-0.03}$	每超差 0.02 扣 1 分	4	
11	$4^{+0.01}_{-0.02}$	每超差 0.02 扣 1 分	4	
12	$2^{+0.01}_{-0.02}$	每超差 0.02 扣 1 分	4	
13	$\phi38\pm0.02$	每超差 0.02 扣 1 分	4	
14	$\phi6$ 通孔 (4 处)	不合格不得分	4	
15	平行度 0.019	每超差 0.02 扣 1 分	4	
16	垂直度 0.013	每超差 0.02 扣 1 分	4	
17	表面粗糙度	加工部位 30% 不达要求扣 1 分,50% 不达要求扣 2 分,75% 不达要求扣 4 分,超过 75% 不达要求全扣	6	
合计			90	

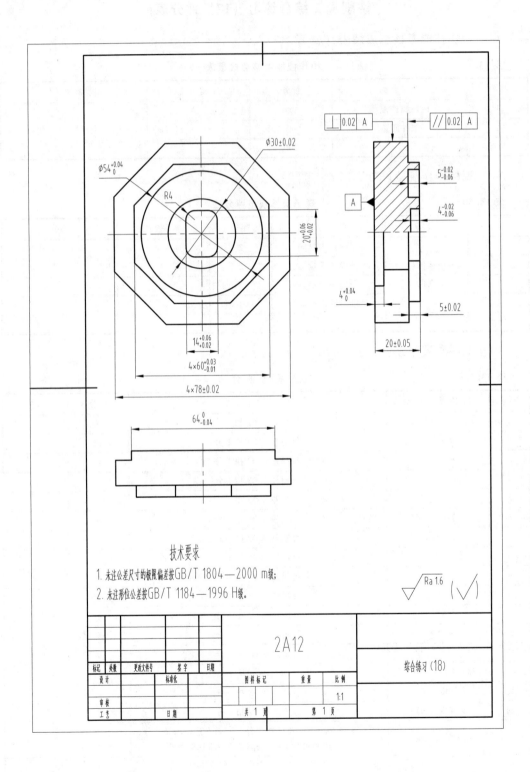

技术要求
1. 未注公差尺寸的极限偏差按GB/T 1804—2000 m级；
2. 未注形位公差按GB/T 1184—1996 H级。

					2A12		
						综合练习 (18)	
标记	处数	更改文件号	签字	日期			
设计		标准化			图样标记	重量	比例
							1:1
审核							
工艺		日期			共 1 页	第 1 页	

铣削加工综合练习（18）评分表

（1）操作技能考核总成绩表（表 13.52）。

表 13.52　　　　　　　　　　操作技能考核总成绩表

序号	项目名称	配分	得分	备注
1	现场操作规范	10		
2	工件质量	90		
合计		100		

（2）现场操作规范评分表（表 13.53）。

表 13.53　　　　　　　　　　现场操作规范评分表

序号	项目	考核内容	配分	考场表现	得分
1	现场操作规范	正确使用机床	2		
2		正确使用量具	2		
3		合理使用刃具	2		
4		设备维护保养	4		
合计			10		

（3）工件质量评分表（表 13.54）。

表 13.54　　　　　　　　　　工 件 质 量 评 分 表

序号	考核项目/mm	扣 分 标 准	配分	得分
1	78 ± 0.02（4 处）	每超差 0.02 扣 1 分	12	
2	$60^{+0.03}_{-0.01}$（4 处）	每超差 0.02 扣 1 分	12	
3	$\phi54^{+0.04}_{0}$	每超差 0.02 扣 1 分	8	
4	$20^{+0.06}_{+0.02}$	每超差 0.02 扣 1 分	4	
5	$14^{+0.06}_{+0.02}$	每超差 0.02 扣 1 分	4	
6	$64^{0}_{-0.04}$	每超差 0.02 扣 1 分	4	
7	20 ± 0.05	每超差 0.02 扣 1 分	4	
8	5 ± 0.02	每超差 0.02 扣 1 分	4	
9	$5^{-0.02}_{-0.06}$	每超差 0.02 扣 1 分	4	
10	$4^{-0.02}_{-0.06}$	每超差 0.02 扣 1 分	4	
11	$4^{+0.04}_{0}$	每超差 0.02 扣 1 分	4	
12	$\phi30\pm0.02$	每超差 0.02 扣 1 分	5	
13	R4	不成形不得分	5	
14	平行度 0.02	每超差 0.02 扣 1 分	4	
15	垂直度 0.02	每超差 0.02 扣 1 分	4	
16	表面粗糙度	加工部位 30% 不达要求扣 1 分，50% 不达要求扣 2 分，75% 不达要求扣 4 分，超过 75% 不达要求全扣	8	
合计			90	

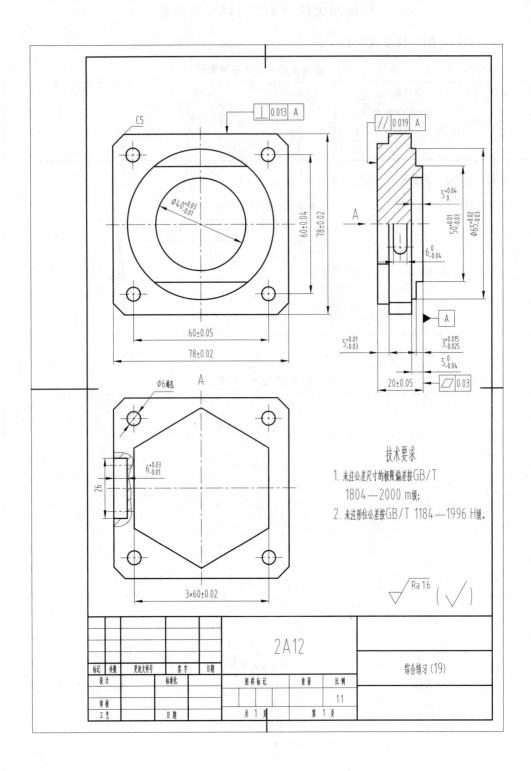

技术要求
1. 未注公差尺寸的极限偏差按GB/T 1804—2000 m级;
2. 未注形位公差按GB/T 1184—1996 H级。

$\sqrt{}$ Ra 1.6 ($\sqrt{}$)

标记	处数	更改文件号	签字	日期		2A12			
设 计		标准化				图样标记	重量	比例	综合练习 (19)
审 核								1:1	
工 艺		日期				共 1 页		第 1 页	

铣削加工综合练习 (19) 评分表

(1) 操作技能考核总成绩表 (表 13.55)。

表 13.55   **操作技能考核总成绩表**

序号	项目名称	配分	得分	备注
1	现场操作规范	10		
2	工件质量	90		
合计		100		

(2) 现场操作规范评分表 (表 13.56)。

表 13.56   **现场操作规范评分表**

序号	项目	考核内容	配分	考场表现	得分
1	现场操作规范	正确使用机床	2		
2		正确使用量具	2		
3		合理使用刃具	2		
4		设备维护保养	4		
合计			10		

(3) 工件质量评分表 (表 13.57)。

表 13.57   **工 件 质 量 评 分 表**

序号	考核项目/mm	扣 分 标 准	配分	得分
1	78±0.02 (2 处)	每超差 0.02 扣 1 分	8	
2	$\phi 40^{+0.03}_{-0.01}$	每超差 0.02 扣 1 分	4	
3	60±0.02 (3 处)	每超差 0.02 扣 1 分	9	
4	$\phi 65^{+0.02}_{-0.03}$	每超差 0.02 扣 1 分	4	
5	$50^{+0.01}_{-0.03}$	每超差 0.02 扣 1 分	4	
6	60±0.05	每超差 0.02 扣 1 分	2	
7	60±0.02	每超差 0.02 扣 1 分	2	
8	20±0.05	每超差 0.02 扣 1 分	4	
9	$3^{+0.015}_{-0.025}$	每超差 0.02 扣 1 分	4	
10	$6^{\ 0}_{-0.04}$	每超差 0.02 扣 1 分	4	
11	$5^{+0.04}_{\ 0}$	每超差 0.02 扣 1 分	4	
12	$5^{\ 0}_{-0.04}$	每超差 0.02 扣 1 分	5	
13	$5^{+0.01}_{-0.03}$	每超差 0.02 扣 1 分	4	
14	$6^{+0.03}_{-0.01}$	每超差 0.02 扣 1 分	5	
15	$\phi 6$ 通孔	不成形不得分	5	
16	C5	不成形不得分	4	
17	26	每超差 0.05 扣 1 分	2	
18	平行度 0.019	每超差 0.02 扣 1 分	4	
19	垂直度 0.013	每超差 0.02 扣 1 分	4	
20	表面粗糙度	加工部位 30% 不达要求扣 1 分, 50% 不达要求扣 2 分, 75% 不达要求扣 4 分, 超过 75% 不达要求全扣	8	
合计			90	

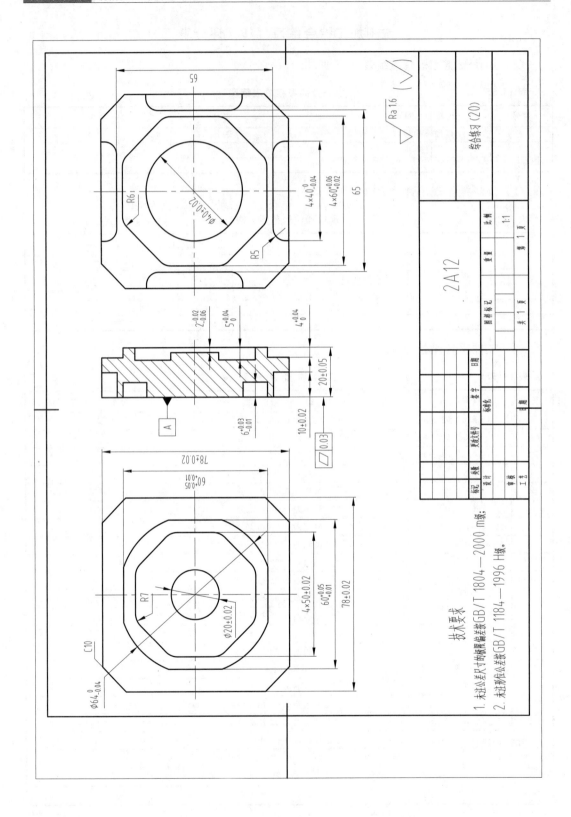

铣削加工综合练习（20）评分表

（1）操作技能考核总成绩表（表13.58）。

表 13.58 操作技能考核总成绩表

序号	项目名称	配分	得分	备注
1	现场操作规范	10		
2	工件质量	90		
合计		100		

（2）现场操作规范评分表（表13.59）。

表 13.59 现场操作规范评分表

序号	项目	考核内容	配分	考场表现	得分
1	现场操作规范	正确使用机床	2		
2		正确使用量具	2		
3		合理使用刃具	2		
4		设备维护保养	4		
合计			10		

（3）工件质量评分表（表13.60）。

表 13.60 工件质量评分表

序号	考核项目/mm	扣分标准	配分	得分
1	78 ± 0.02（2处）	每超差0.02扣1分	8	
2	$\phi64_{-0.04}^{0}$	每超差0.02扣1分	4	
3	$60_{+0.01}^{+0.05}$（2处）	每超差0.02扣1分	8	
4	50 ± 0.02（4处）	每超差0.02扣1分	8	
5	$\phi20\pm0.02$	每超差0.02扣1分	4	
6	$60_{+0.02}^{+0.06}$（4处）	每超差0.02扣1分	8	
7	$40_{-0.04}^{0}$（4处）	每超差0.02扣1分	8	
8	$\phi40\pm0.02$	每超差0.02扣1分	4	
9	20 ± 0.05	每超差0.02扣1分	4	
10	10 ± 0.02	每超差0.02扣1分	3	
11	$6_{-0.01}^{+0.03}$	每超差0.02扣1分	4	
12	$5_{0}^{+0.04}$	每超差0.02扣1分	4	
13	$4_{0}^{+0.04}$	每超差0.02扣1分	3	
14	$2_{-0.06}^{-0.02}$	每超差0.02扣1分	2	
15	65（2处）	每超差0.05扣1分	4	
16	R5、R6、R7	不成形不得分	3	
17	C10	不成形不得分	2	
18	平面度0.03	每超差0.02扣1分	3	
19	表面粗糙度	加工部位30%不达要求扣1分，50%不达要求扣2分，75%不达要求扣4分，超过75%不达要求全扣	6	
合计			90	

附　　录

附录 1　FANUC 数控系统的准备功能 G 代码及其功能

G 代码	组别	功　能	附注	G 代码	组别	功　能	附注
G00		快速定位	模态	G52		局部坐标系设置	非模态
G01	01	直线插补	模态	G53		机床坐标系设置	非模态
G02		顺时针圆弧插补	模态	* G54		第一工件坐标系设置	模态
G03		逆时针圆弧插补	模态	G55		第二工件坐标系设置	模态
G04	00	暂停	非模态	G56	14	第三工件坐标系设置	模态
* G10		数据设置	模态	G57		第四工件坐标系设置	模态
G11		数据设置取消	模态	G58		第五工件坐标系设置	模态
G17		XY 平面选择（缺省）	模态	G59		第六工件坐标系设置	模态
G18	16	ZX 平面选择	模态	G65	00	宏程序调用	非模态
G19		YZ 平面选择	模态	G66		宏程序模态调用	模态
G20	06	英制（in）	模态	* G67	12	宏程序模态调用取消	模态
G21		米制（mm）	模态	G73		高速深孔钻孔循环	模态
* G22	09	行程检查功能打开	模态	G74	00	左旋攻螺纹循环	模态
G23		行程检查功能关闭	模态	G75		精镗循环	模态
* G25	08	主轴速度波动检查关闭	模态	* G80		钻孔固定循环取消	模态
G26		主轴速度波动检查打开	非模态	G81		钻孔循环	模态
G27		参考点返回检查	非模态	G83		啄式钻孔循环	模态
G28	00	参考点返回	非模态	G84		攻螺纹循环	模态
G31		跳步功能	非模态	G85	10	镗孔循环	模态
* G40		刀具半径补偿取消	模态	G86		镗孔循环	模态
G41		刀具半径左补偿	模态	G87		背镗循环	模态
G42		刀具半径右补偿	模态	G89		镗孔循环	模态
G43	07	刀具长度正补偿	模态	G90		绝对坐标编程	模态
G44		刀具长度负补偿	模态	G91	01	增量坐标编程	模态
G45		刀具长度补偿取消	模态	G92		工件坐标原点设置	模态
G50	00	工件坐标原点设置，最大主轴速度设置	非模态				

注　1. 当机床电源打开或按重置键时，标有"＊"符号的 G 代码被激活，即缺省状态。
　　2. 不同组的 G 代码可以在同一程序段中指定；如果在同一程序段中指定同组 G 代码，最后指定的 G 代码有效。
　　3. 由于电源打开或重置，使系统被初始化时，已指定的 G20 或 G21 代码保持有效。
　　4. 由于电源打开被初始化时，G22 代码被激活；由于重置使机床被初始化时，已指定的 G22 或 G23 代码保持有效。

附录 2　FANUC 数控系统的准备功能 M 代码及其功能

M 代码	功能	附注
M00	程序停止	非模态
M01	程序选择停止	非模态
M02	程序结束	非模态
M03	主轴顺时针旋转	模态
M04	主轴逆时针旋转	模态
M05	主轴停止	模态
M06	换刀	非模态
M07	冷却液打开	模态
M08	冷却液打开	模态
M09	冷却液关闭	模态
M30	程序结束并返回	非模态
M98	子程序调用	模态
M99	子程序调用返回	模态

附录 3　FANUC 数控系统的编码字符的意义

字符	意　义
A	关于 X 轴的角度尺寸
B	关于 Y 轴的角度尺寸
C	关于 Z 轴的角度尺寸
D	刀具半径偏置号
E	第二进给功能（即进刀速度，单位为 mm/min）
F	第一进给功能（即进刀速度，单位为 mm/min）
G	准备功能
H	刀具长度偏置号
I	平行于 X 轴的插补参数或螺纹导程
J	平行于 Y 轴的插补参数或螺纹导程
H	平行于 Z 轴的插补参数或螺纹导程
L	固定循环返回次数或子程序返回次数
M	辅助功能
N	顺序号（行号）
O	程序编号

字符	意　义
P	平行于 X 轴的第二尺寸或固定循环参数
Q	平行于 Y 轴的第三尺寸或固定循环参数
R	平行于 Z 轴的第三尺寸或循环参数圆弧的半径
S	主轴速度功能（表示转速，单位为 r/min）
T	刀具功能
U	平行于 X 轴的第二尺寸
V	平行于 Y 轴的第二尺寸
W	平行于 Z 轴的第二尺寸
X	基本尺寸
Y	基本尺寸
Z	基本尺寸

参 考 文 献

［1］ 胡晓东，吴兴福. 数控铣床（加工中心）操作技能实训教程 ［M］. 杭州：浙江大学出版社，2016.

［2］ 姬瑞海，胡晓东. 数控编程与操作技能实训教程 ［M］. 北京：清华大学出版社，2010.

［3］ 人力资源和社会保障部教材办公室. 数控加工技术手册 ［M］. 北京：中国劳动社会保障出版社，2015.